나노공학실험

강보석, 송영재, 안성필, 이진욱 저

나노공학실험

강보석, 송영재, 안성필, 이진욱

이상 성균관대학교
성균나노과학기술원(SAINT) 교수

첨단나노소재 전문인력 양성사업
4단계 두뇌한국(BK21 FOUR)
성균나노과학기술원(SAINT)

도서출판 디자인

출판 정보 첨단나노소재 전문인력 양성사업, 4단계 두뇌한국(BK21 FOUR), 성균나노과학기술원(SAINT)

사사 정보 이 교재는 2024년도 정부(산업통상자원부)의 재원으로 한국산업기술진흥원의 지원을 받아 수행된 연구임. (P0023521, 2024년 산업혁신인재성장지원사업)

머리말

나노기술은 현대 과학과 공학의 혁신을 이끄는 핵심 분야로, 학제 간 융합 연구와 산업적 응용 가능성이 지속적으로 확대되며 그 중요성이 날로 증대되고 있습니다. 특히 전통적인 전자소자 분야를 넘어 에너지 소자 분야에 이르기까지, 나노 공정과 나노 소재의 개발 및 분석 기술은 연구와 산업 전반에서 혁신을 주도하고 있습니다. 이러한 시대적 흐름 속에서 나노기술에 대한 체계적인 이해와 실험 기술의 숙달은 미래 과학기술 인재에게 필수적인 역량으로 자리잡았습니다.

본 교재 "나노공학실험"은 이러한 교육적 수요에 부응하고자 성균관대학교 성균나노과학기술원(SKKU Advanced Institute of Nano Technology, SAINT)의 나노과학기술학과 소속 교수진이 공동으로 집필하였습니다. 본 교재는 나노공학 실험에 필요한 기초 이론부터 실습까지 체계적으로 구성하여, 학부 및 대학원 학생들이 나노기술 연구의 기초를 다지고 창의적이고 독립적인 연구자로 성장할 수 있도록 돕고자 합니다.

교재는 나노공학 실험의 이론적 배경과 실험 기법은 물론, 실험실 안전 지침과 데이터 분석 방법까지 포괄적인 내용을 담고 있으며, 학생들의 실험 실습 과정에 직접적인 도움이 되도록 구성하였습니다. 특히 최신 연구 동향을 반영하여 나노기술 분야의 첨단 지식을 실무에 즉시 활용할 수 있도록 하였습니다.

본 교재가 나노공학을 탐구하는 학생들에게 실질적인 길잡이가 되어, 나노기술의 무한한 가능성을 열어가는 여정에 든든한 동반자가 되기를 희망합니다. 끝으로, 본 교재의 출판 과정에서 도움을 주신 모든 분들께 깊은 감사의 말씀을 드립니다.

2024년 11월

성균관대학교 성균나노과학기술원
강보석, 송영재, 안성필, 이진욱

Contents

제0장
나노과학기술 개요

들어가는 말

나노 과학/공학을 전공하기 위해 필요한 실험 기법을 학습하고자 하는 학생들에게 학습 및 연구의 동기와 배경 그리고 실험 수행시 필수적으로 지켜야 하는 안전관련 사항까지 기초 소양을 쌓는다.

제1절
나노기술 및 나노공학 개요

1.1. 나노기술의 개념

1.1.1. 나노기술의 정의

나노기술(Nanotechnology)은 물질을 나노미터(10^{9}m) 수준에서 조작하고 제어하는 기술을 의미합니다. 이는 원자나 분자 수준에서 물질의 구조와 특성을 이해하고, 이를 바탕으로 새로운 물질이나 장치를 만들어내는 첨단 과학기술 분야입니다.

나노기술의 핵심은 물질의 크기가 나노미터 수준으로 작아질 때 나타나는 독특한 물리적, 화학적, 생물학적 특성을 이용하는 것입니다. 이러한 나노 스케일에서의 특성은 기존의 거시적 세계에서 관찰되는 특성과는 매우 다릅니다. 예를 들어, 금은 벌크 상태에서는 노란색을 띠지만, 나노 입자 상태에서는 붉은색을 띱니다. 이는 나노 스케일에서 물질의 전자 구조가 변화하기 때문입니다.

나노기술은 다음과 같은 주요 특징을 가집니다:

① **초미세 크기:** 나노기술은 1~100 나노미터 범위의 물질을 다룹니다.

② **학제간 연구:** 물리학, 화학, 생물학, 재료공학 등 다양한 분야의 지식이 융합됩니다.

③ **상향식 접근법:** 원자나 분자를 조립하여 더 큰 구조를 만드는 방식을 사용합니다.

④ **새로운 물성:** 나노 스케일에서 나타나는 독특한 물리적, 화학적 특성을 활용합니다.

⑤ **정밀 제어:** 원자나 분자 수준에서 물질을 조작하고 제어합니다.

1.1.2. 나노기술의 역사와 발전

나노기술의 개념은 1959년 물리학자 리처드 파인만(Richard Feynman)이 "There's Plenty of Room at the Bottom"이라는 강연에서 처음 제시했습니다. 그는 원자 수준에서 물질을 조작할 수 있는 가능성을 언급하며, 이를 통해 새로운 과학기술의 지평이 열릴 것이라고 예측했습니다.

Richard P. Feynman (1986)

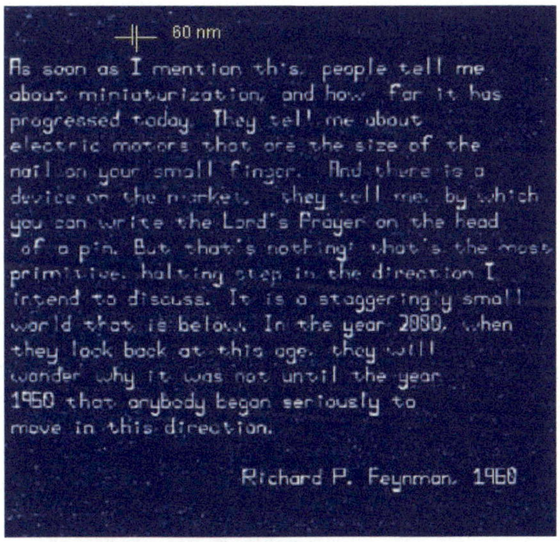

A portion of Richard Feynman's classic lecture to the American Physical Society, published subsequently in Caltech's Engineering and Science, and now reproduced by Northwestern University researchers with nanoscale resolution. (Courtesy of Chad Mirkin, Northwestern University.)

1974년에는 노리오 타니구치(Norio Taniguchi)가 "나노기술"이라는 용어를 처음 사용했습니다. 그는 나노미터 수준의 정밀도로 물질을 가공하는 기술을 설명하기 위해 이 용어를 도입했습니다.

1981년 주사 터널링 현미경(Scanning Tunneling Microscope, STM)의 발명은 나노기술 발전의 중요한 이정표가 되었습니다. STM은 개별 원자를 관찰하고 조작할 수 있는 능력을 제공했으며, 이는 나노 스케일에서의 연구를 가능하게 했습니다.

1985년에는 풀러렌(C_{60})이 발견되었고, 1991년에는 탄소나노튜브가 발견되었습니다. 이러한 새로운 나노 물질의 발견은 나노기술 연구에 큰 활력을 불어넣었습니다.

2000년대 들어 나노기술은 급속도로 발전했습니다. 미국을 비롯한 여러 국가들이 국가 나노기술 계획을 수립하고 대규모 투자를 시작했습니다. 이를 통해 나노 소재, 나노 전자소자, 나노 의학 등 다양한 분야에서 혁신적인 연구 결과들이 나오기 시작했습니다.

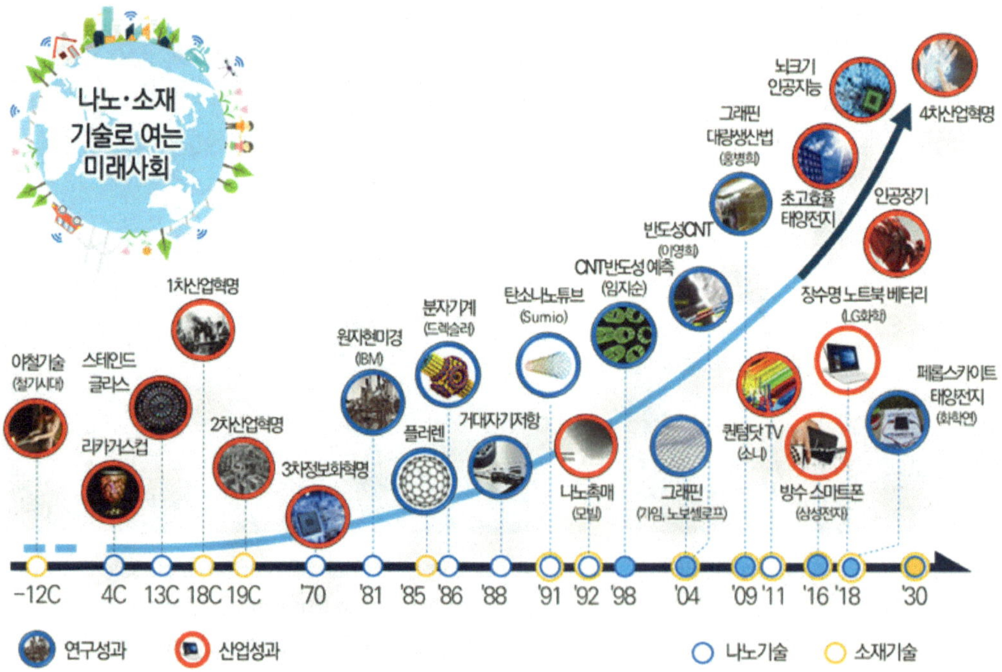

나노와 소재 기술의 발달 (발췌: 나노·미래소재원천기술개발사업 예타)

현재 나노기술은 4차 산업혁명의 핵심 기술 중 하나로 인식되고 있으며, 인공지능, 빅데이터, 사물인터넷 등 다른 첨단 기술들과 융합하여 더욱 발전하고 있습니다.

1.2. 나노기술의 대표적 응용 분야

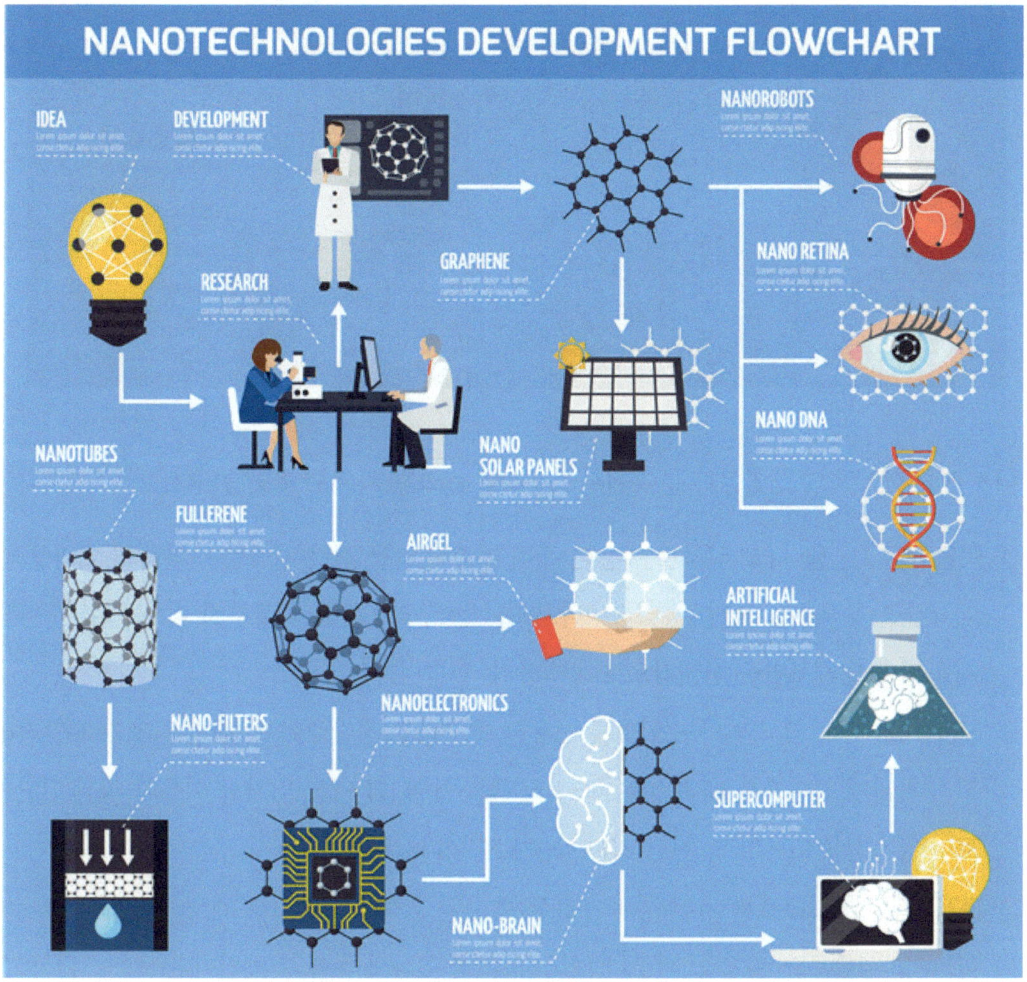

나노 기술 개발/응용 흐름도(Designed by macrovector / Freepik)

나노기술은 아래와 같이 대표적으로 의학, 에너지, 전자, 재료 공학 등과 같은 주요 응용 분야를 가지고 있습니다.

1.2.1. 의학 및 생명공학 분야

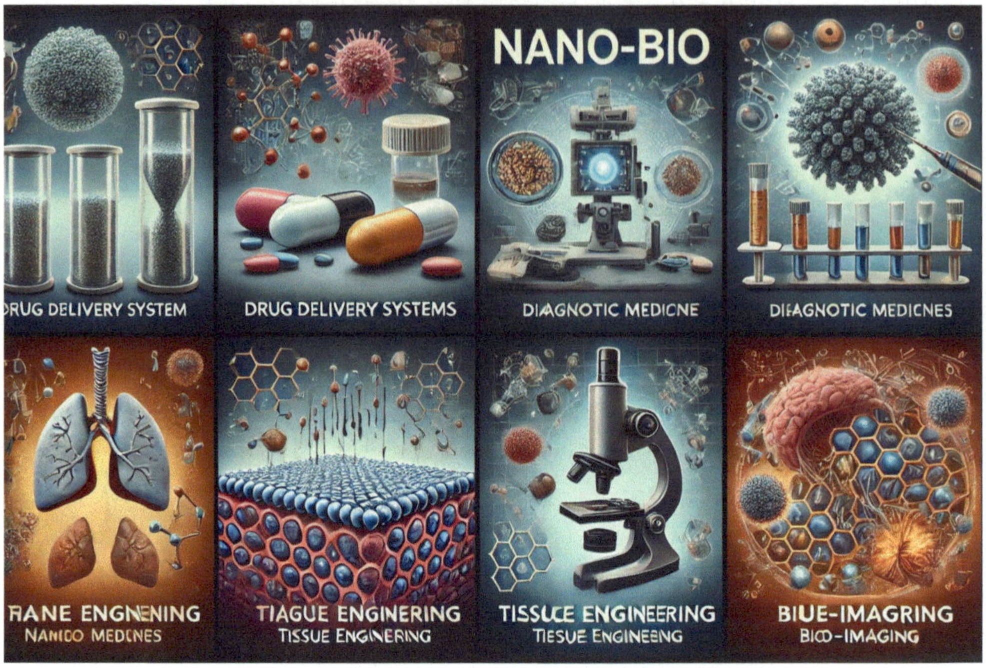

나노기술은 의학 및 생명공학 분야에서 혁명적인 변화를 가져오고 있습니다.

① **약물 전달 시스템:** 나노 입자를 이용한 표적 지향적 약물 전달 시스템은 약물의 효과를 극대화하고 부작용을 줄일 수 있습니다. 예를 들어, 리포좀이나 고분자 나노 입자에 항암제를 담아 암세포만을 선택적으로 공격할 수 있습니다.

② **진단 기술:** 나노 센서와 나노 입자를 이용한 초고감도 진단 기술은 질병을 조기에 발견하고 정확하게 진단하는 데 도움을 줍니다. 예를 들어, 금 나노 입자를 이용한 임신 진단키트나 양자점을 이용한 암 진단 기술 등이 있습니다.

③ **조직 공학:** 나노 구조를 가진 생체 재료는 손상된 조직이나 장기를 재생하는 데 사용됩니다. 나노 섬유로 만든 인공 피부나 나노 구조 골 이식재 등이 그 예입니다.

④ **바이오 이미징:** 양자점이나 자성 나노 입자를 이용한 바이오 이미징 기술은 생체 내부를 고해상도로 관찰할 수 있게 해줍니다.

1.2.2. 에너지 분야

나노기술은 에너지 생산, 저장, 변환 효율을 크게 향상시키고 있습니다.

① **태양전지:** 나노 구조를 이용한 차세대 태양전지는 기존 실리콘 태양전지보다 높은 효율과 낮은 제조 비용을 실현할 수 있습니다. 예를 들어, 페로브스카이트 태양전지나 양자점 태양전지 등이 있습니다.

② **배터리:** 나노 소재를 이용한 리튬이온 배터리는 더 높은 에너지 밀도와 더 빠른 충전 속도를 제공합니다. 실리콘 나노 와이어 음극이나 그래핀 전극 등이 연구되고 있습니다.

③ **연료전지:** 나노 촉매를 이용한 연료전지는 효율을 높이고 비용을 낮출 수 있습니다. 백금 나노 입자 촉매나 탄소나노튜브 전극 등이 사용됩니다.

④ **수소 저장:** 나노 다공성 물질을 이용한 수소 저장 기술은 수소 경제 실현에 기여할 수 있습니다.

2.3. 전자 및 정보통신 분야

나노기술은 전자 소자의 소형화, 고성능화, 저전력화를 가능하게 합니다.

① **반도체:** 나노 스케일 트랜지스터는 더 작고 빠른 컴퓨터 칩을 만들 수 있게 합니다. 현재 상용화된 반도체 공정은 이미 10나노미터 이하의 수준에 도달했습니다.

② **메모리:** 나노 구조를 이용한 차세대 메모리 기술(예: MRAM, ReRAM)은 더 높은 저장 밀도와 빠른 속도를 제공합니다.

③ **디스플레이:** 양자점 디스플레이나 OLED 등 나노 기술을 이용한 디스플레이는 더 선명한 색상과 낮은 전력 소비를 실현합니다.

④ **센서:** 나노 센서는 초고감도, 초소형 센서를 가능하게 하여 사물인터넷(IoT) 기술 발전에 기여합니다.

2.4. 재료 공학 분야

나노기술은 새로운 특성을 가진 혁신적인 재료를 만들어냅니다.

① **나노 복합재료:** 나노 입자나 나노 섬유를 기존 재료에 첨가하여 강도, 내구성, 경량성 등을 크게 향상시킬 수 있습니다. 예를 들어, 탄소나노튜브 강화 복합재료는 항공우주 산업에서 사용됩니다.

② **자기정화 코팅:** 나노 구조를 이용한 초소수성 코팅은 자기 세정 효과를 가진 표면을 만들 수 있습니다.

③ **나노 필터:** 나노 기공을 가진 멤브레인은 정수, 해수 담수화, 공기 정화 등에 사용될 수 있습니다.

④ **스마트 재료:** 외부 자극에 반응하는 나노 구조 재료는 센서나 액추에이터로 사용될 수 있습니다.

1.3. 나노기술의 미래 전망과 주요 과제

나노기술의 미래

나노기술은 앞으로도 계속해서 발전하며 다양한 분야에 혁신을 가져올 것으로 예상됩니다. 특히 다음과 같은 분야에서 중요한 발전이 기대됩니다:

① **양자 컴퓨팅:** 나노 스케일에서의 양자 효과를 이용한 양자 컴퓨터 개발

② **나노 로봇:** 의료, 제조 등 다양한 분야에서 활용될 수 있는 초미세 로봇 개발

③ **뇌-컴퓨터 인터페이스:** 나노 전극을 이용한 고해상도 뇌 신호 측정 및 제어 기술

④ **인공 광합성:** 나노 구조를 이용한 효율적인 인공 광합성 시스템 개발

⑤ **자가 조립 나노 시스템:** 프로그래밍 가능한 자가 조립 나노 구조체 개발

그러나 이러한 발전을 실현하기 위해서는 다음과 같은 주요 과제들을 해결해야 합니다:

① **나노 물질의 안전성:** 나노 물질이 인체와 환경에 미치는 장기적인 영향에 대한 연구가 필요합니다.

② **대량 생산 기술:** 나노 구조와 나노 소자의 대량 생산 기술을 개발하여 상용화를 촉진해야 합니다.

③ **특성 제어:** 나노 스케일에서의 물질 특성을 정밀하게 제어하는 기술을 개발해야 합니다.

④ **학제간 협력:** 나노기술의 복잡성을 고려할 때, 다양한 분야의 전문가들 간의 협력이 필수

적입니다.

⑤ **윤리적, 사회적 문제:** 나노기술의 발전에 따른 윤리적, 사회적 문제들에 대한 논의와 대책 마련이 필요합니다.

⑥ **표준화:** 나노 물질과 나노 기술에 대한 국제적 표준을 확립해야 합니다.

결론적으로, 나노기술은 21세기의 핵심 기술로서 과학기술의 새로운 패러다임을 제시하고 있습니다. 의학, 에너지, 전자, 재료 공학 등 다양한 분야에서 혁신적인 해결책을 제공하며, 미래 사회의 모습을 크게 바꿀 것으로 기대됩니다. 그러나 이러한 발전을 실현하기 위해서는 기술적 과제뿐만 아니라 안전성, 윤리, 사회적 문제 등 다양한 측면에서의 노력이 필요할 것입니다. 나노기술의 발전은 우리 사회에 큰 혜택을 가져다줄 것이지만, 동시에 새로운 도전과 책임도 요구할 것입니다. 따라서 나노기술의 발전과 함께 이에 대한 사회적 합의와 윤리적 가이드라인 수립도 함께 이루어져야 할 것입니다.

제2절
학부 과정에서 나노공학 실험 교과의 동기

2.1. 나노공학 실험 교과 도입의 필요성

나노기술은 21세기의 핵심 기술로 자리 잡았으며, 다양한 분야에서 혁신적인 발전을 이끌고 있습니다. 이러한 상황에서 나노공학 실험 교과를 학부 과정에 도입하는 것은 다음과 같은 이유로 필수적입니다.

① **이론과 실제의 연결:** 나노공학은 매우 추상적이고 복잡한 개념들을 다루기 때문에, 이론적 학습만으로는 그 본질을 완전히 이해하기 어렵습니다. 실험 교과를 통해 학생들은 이론적 개념을 실제로 확인하고 체험함으로써 더 깊이 있는 이해를 할 수 있습니다.

② **실무 능력 향상:** 나노기술 분야에서는 고도의 실험 기술과 장비 운용 능력이 요구됩니다. 학부 과정에서 실험 교과를 통해 이러한 기술을 익히면, 졸업 후 산업 현장이나 연구소에서 즉시 활용할 수 있는 실무 능력을 갖출 수 있습니다.

③ **창의적 문제 해결 능력 개발:** 나노공학 실험은 종종 예상치 못한 결과나 문제에 직면하게 합니다. 이러한 상황에서 학생들은 창의적으로 문제를 해결하는 능력을 기를 수 있습니다.

④ **학제간 협력 경험:** 나노기술은 본질적으로 여러 학문 분야가 융합된 분야입니다. 실험 교과를 통해 학생들은 물리학, 화학, 생물학, 재료공학 등 다양한 분야의 지식을 통합적으로 적용하는 경험을 할 수 있습니다.

⑤ **연구 윤리 및 안전 의식 함양:** 나노물질은 잠재적인 위험성을 가지고 있어 특별한 주의가 필요합니다. 실험 교과를 통해 학생들은 연구 윤리와 안전에 대한 중요성을 인식하고 올

바른 태도를 기를 수 있습니다.

나노공학 실험 교과를 통해 학생들은 다음과 같은 구체적인 기술과 지식을 얻을 수 있습니다.

① **나노 물질 합성 기술:** 나노 입자, 나노 와이어, 나노 튜브 등 다양한 나노 구조체를 합성하는 방법을 배웁니다.

② **특성 분석 기술:** 주사 전자 현미경(SEM), 투과 전자 현미경(TEM), 원자력 현미경(AFM) 등 나노 스케일 분석 장비의 원리와 사용법을 익힙니다.

③ **나노 소자 제작 기술:** 포토리소그래피, 전자빔 리소그래피 등 나노 패터닝 기술과 박막 증착, 식각 등의 공정 기술을 배웁니다.

④ **데이터 분석 및 해석 능력:** 실험 데이터를 수집, 분석하고 의미 있는 결론을 도출하는 능력을 기릅니다.

⑤ **실험 설계 능력:** 주어진 문제를 해결하기 위한 실험을 스스로 설계하고 수행하는 능력을 키웁니다.

⑥ **문서화 및 발표 기술:** 실험 결과를 체계적으로 정리하고 효과적으로 발표하는 능력을 기릅니다.

⑦ **팀워크 및 의사소통 능력:** 대부분의 나노공학 실험이 팀 단위로 이루어지므로, 협력과 의사소통 능력을 향상시킬 수 있습니다.

2.2. 연구 준비를 위한 실험 교육 목표

나노기술 분야의 연구 및 산업 현장에서는 다음과 같은 실험적 능력을 요구합니다.

① **첨단 장비 운용 능력:** 전자 현미경, 분광기, 리소그래피 장비 등 고가의 첨단 장비를 능숙하게 다룰 수 있어야 합니다.

② **정밀한 실험 기술:** 나노 스케일에서의 작업은 극도의 정밀성을 요구합니다. 미세한 조작과 정확한 측정 능력이 필요합니다.

③ **실험 설계 및 최적화 능력:** 주어진 연구 목표를 달성하기 위해 적절한 실험을 설계하고, 결과를 바탕으로 실험 조건을 최적화할 수 있어야 합니다.

④ **문제 해결 능력:** 예상치 못한 실험 결과나 장비 문제에 직면했을 때, 창의적으로 문제를 해결할 수 있어야 합니다.

⑤ **데이터 분석 및 해석 능력:** 복잡한 실험 데이터를 체계적으로 분석하고, 의미 있는 결론을 도출할 수 있어야 합니다.

⑥ **안전 관리 능력:** 나노물질의 잠재적 위험성을 인지하고, 안전한 실험 환경을 유지할 수 있어야 합니다.

⑦ **학제간 협력 능력:** 다양한 분야의 전문가들과 효과적으로 협력할 수 있는 능력이 필요합니다.

학부 과정에서의 본 나노공학실험 수업은 다음과 같은 방식으로 학생들의 연구 준비를 도움으로써 전문연구자 소양을 함양하기 위해 설계되었습니다:

① **실험 기초 능력 함양:** 기본적인 실험 기술과 장비 사용법을 익힘으로써, 향후 더 복잡한 연구를 수행할 수 있는 기초를 마련합니다.

② **연구 방법론 이해:** 가설 설정, 실험 설계, 데이터 분석, 결론 도출 등 과학적 연구 방법론을 실제로 경험하고 이해할 수 있습니다.

③ **연구 주제 탐색:** 다양한 실험을 통해 나노기술의 여러 분야를 접함으로써, 자신의 관심사와 적성에 맞는 연구 주제를 발견할 수 있습니다.

④ **연구 윤리 의식 함양:** 실험 데이터의 정직한 기록과 해석, 안전 규정 준수 등을 통해 연구 윤리 의식을 기를 수 있습니다.

⑤ **첨단 연구 동향 파악:** 최신 나노기술 실험을 수행함으로써, 해당 분야의 최신 연구 동향을 파악할 수 있습니다.

⑥ **팀 연구 경험:** 대부분의 실험이 팀 단위로 이루어지므로, 향후 연구 그룹에서의 협력 연구를 위한 기초를 다질 수 있습니다.

⑦ **연구 열정 고취:** 흥미로운 실험 경험을 통해 나노기술 연구에 대한 열정과 동기를 부여받

을 수 있습니다.

⑧ **실패 관리 능력 향상:** 실험이 항상 성공하는 것은 아니므로, 실패를 통해 배우고 이를 극복하는 능력을 기를 수 있습니다.

⑨ **문서화 및 발표 능력 개발:** 실험 보고서 작성과 결과 발표를 통해, 향후 연구 논문 작성과 학회 발표를 위한 기초 능력을 기를 수 있습니다.

⑩ **연구 네트워크 형성:** 실험 수업을 통해 교수, 조교, 동료 학생들과 교류하며 초기 연구 네트워크를 형성할 수 있습니다.

위와 같이 학부 과정에서의 나노공학실험 교과는 학생들에게 나노기술의 실제적 이해와 실무 능력을 제공하며, 미래의 연구자로서 성장할 수 있는 기반을 마련해줍니다.

제3절
나노공학 실험에서의 안전교육

3.1. 나노공학 실험실에서의 안전 중요성

3.1.1. 나노 물질 및 기술의 위험 요인

나노공학 실험실에서의 안전은 매우 중요한 문제입니다. 나노기술은 원자 및 분자 수준에서 물질을 다루기 때문에, 일반적인 실험실 안전 문제 외에도 나노 특유의 안전 문제가 존재합니다. 나노기술 실험에서 안전이 중요한 이유는 다음과 같습니다:

(1) 나노물질의 독특한 특성

나노물질은 크기가 매우 작아 일반적인 물질과는 다른 물리적, 화학적 특성을 가집니다. 이로 인해 예상치 못한 위험이 발생할 수 있습니다. 예를 들어, 일반적으로 안정적인 물질도 나노 크기에서는 반응성이 증가하여 폭발이나 화재의 위험이 있을 수 있습니다.

(2) 인체 영향의 불확실성

나노물질이 인체에 미치는 장기적인 영향에 대해서는 아직 완전히 밝혀지지 않았습니다. 나노입자는 크기가 매우 작아 인체의 세포막을 통과할 수 있으며, 혈액-뇌 장벽을 통과하여 뇌에 영향을 줄 가능성도 있습니다. 따라서 더욱 신중한 접근이 필요합니다.

(3) 환경 영향

나노물질이 환경에 미치는 영향 역시 아직 충분히 연구되지 않았습니다. 나노입자가 생태계에 유입될 경우, 먹이사슬을 통해 축적되거나 예상치 못한 환경 문제를 일으킬 수 있습니다. 안전한 처리와 폐기가 중요합니다.

(4) 고가의 장비 사용

나노공학 실험에는 주사 전자 현미경(SEM), 투과 전자 현미경(TEM), 원자력 현미경(AFM) 등 고가의 정밀 장비들이 사용됩니다. 이러한 장비들의 안전한 사용은 실험실 안전과 직결됩니다. 잘못된 사용으로 인한 장비 손상은 막대한 경제적 손실을 초래할 수 있습니다.

(5) 다양한 화학물질 사용

나노물질 합성 과정에서 다양한 화학물질이 사용됩니다. 이들 중 많은 물질들이 유독성, 부식성, 가연성 등의 특성을 가지고 있어 안전한 취급이 매우 중요합니다.

(6) 복합적인 위험 요소

나노공학 실험에는 화학적, 물리적, 생물학적 위험 요소가 복합적으로 존재할 수 있습니다. 예를 들어, 나노바이오 실험에서는 나노물질의 위험성과 생물학적 위험이 동시에 존재할 수 있습니다.

3.1.2. 실험실 안전 사고 예시 및 예방

나노공학 실험실에는 다양한 잠재적 위험 요소가 존재합니다. 이들을 인식하고 적절히 대응하는 것이 중요합니다. 주요 위험 요소와 예방 방법은 다음과 같습니다.

(1) 나노입자 흡입

① 위험: 나노입자는 크기가 매우 작아 쉽게 공기 중에 부유하며, 호흡기를 통해 체내로 유

입될 수 있습니다. 이는 폐 염증, 심혈관 질환 등의 건강 문제를 일으킬 수 있습니다.

② 예방:

- 적절한 환기 시스템 구축: HEPA 필터가 장착된 환기 시스템을 사용하여 공기 중 나노 입자를 제거합니다.
- 개인보호장비(PPE) 착용: N95 또는 그 이상 등급의 마스크를 착용합니다.
- 나노입자를 다룰 때는 후드 내에서 작업: 나노입자의 비산을 최소화합니다.
- 정기적인 공기 질 모니터링: 나노입자 농도를 주기적으로 측정하고 관리합니다.

(2) 피부 접촉

① 위험: 일부 나노물질은 피부를 통해 흡수될 수 있으며, 피부 자극이나 알레르기 반응을 일으킬 수 있습니다. 또한 일부 나노입자는 피부를 통과하여 체내로 유입될 수 있습니다.

② 예방:

- 적절한 보호장갑 착용: 나노물질에 대한 투과성이 낮은 특수 장갑을 사용합니다.
- 실험복 착용: 긴 소매의 실험복을 착용하여 피부 노출을 최소화합니다.
- 작업 후 즉시 손 씻기: 나노물질 취급 후에는 반드시 손을 씻습니다.
- 피부 노출 시 즉시 세척: 피부에 나노물질이 묻었을 경우 즉시 충분한 물로 씻어냅니다.

(3) 화재 및 폭발

① 위험: 일부 금속 나노입자(예: 알루미늄, 마그네슘)는 공기 중에서 자연 발화할 수 있습니다. 또한 일부 나노물질은 일반 상태의 물질보다 반응성이 높아 폭발의 위험이 있습니다.

② 예방:

- 가연성 나노물질은 불활성 기체 하에서 보관: 아르곤이나 질소 등의 불활성 기체로 채워진 글로브박스 내에서 취급합니다.
- 적절한 소화 장비 구비: 금속화재용 소화기(D급 소화기)를 비치합니다.
- 화재 위험이 있는 물질 근처에서 화기 사용 금지: 실험실 내 흡연을 엄격히 금지하고, 화재 위험이 있는 구역을 명확히 표시합니다.
- 정전기 방지: 정전기로 인한 화재를 방지하기 위해 적절한 접지 시설을 갖춥니다.

(4) 화학물질 노출

① 위험: 나노물질 합성 과정에서 다양한 유해 화학물질이 사용될 수 있습니다. 이들 물질은 독성, 부식성, 가연성 등의 위험을 가질 수 있습니다.

② 예방:

- 물질안전보건자료(MSDS) 숙지: 사용하는 모든 화학물질의 MSDS를 비치하고, 실험자들이 이를 숙지하도록 합니다.
- 적절한 개인보호장비 착용: 화학물질의 특성에 맞는 보호장갑, 보안경, 앞치마 등을 착용합니다.
- 화학물질 취급 시 후드 내에서 작업: 유해 가스 발생 가능성이 있는 화학물질은 반드시 후드 내에서 다룹니다.
- 화학물질 보관 및 관리: 호환되지 않는 화학물질은 분리 보관하고, 모든 용기에 적절한 라벨을 부착합니다.

(5) 전기 위험

① 위험: 일부 나노공학 장비는 고전압을 사용하며, 감전 위험이 있습니다. 또한 전기 장비의 오작동은 화재로 이어질 수 있습니다.

② 예방:

- 전기 안전 교육 실시: 모든 실험자에게 전기 안전 교육을 정기적으로 실시합니다.
- 적절한 접지 및 절연 확인: 모든 전기 장비의 접지 상태와 절연 상태를 정기적으로 점검합니다.
- 젖은 손으로 전기 장비 조작 금지: 항상 손을 건조하게 유지하고, 젖은 환경에서의 전기 장비 사용을 금지합니다.
- 전기 장비 주기적 점검: 모든 전기 장비를 정기적으로 점검하고 유지보수합니다.

(6) 레이저 위험

① 위험: 일부 나노공학 실험에서는 고출력 레이저가 사용되며, 눈과 피부에 심각한 손상을 줄 수 있습니다.

② 예방:

- 적절한 레이저 보안경 착용: 사용하는 레이저의 파장에 맞는 보안경을 착용합니다.
- 레이저 경고 표지 부착: 레이저 사용 구역을 명확히 표시하고 경고 표지를 부착합니다.
- 불필요한 반사체 제거: 레이저 빔이 예기치 않게 반사될 수 있는 물체를 실험 구역에서 제거합니다.
- 레이저 안전 교육 실시: 레이저 사용자에게 정기적인 안전 교육을 실시합니다.

(7) 극저온 위험

① 위험: 일부 실험에서는 액체 질소 등 극저온 물질이 사용되며, 동상 위험이 있습니다. 또한 극저온 물질의 급격한 기화는 산소 결핍을 일으킬 수 있습니다.

② 예방:

- 적절한 단열 장갑 착용: 극저온용 장갑을 착용하여 피부 접촉을 방지합니다.
- 극저온 물질 취급 교육 실시: 극저온 물질의 안전한 취급 방법에 대해 교육합니다.
- 환기가 잘 되는 곳에서 취급: 산소 결핍을 방지하기 위해 항상 환기가 잘 되는 곳에서 취급합니다.
- 보안경 착용: 극저온 액체의 튐으로부터 눈을 보호하기 위해 보안경을 착용합니다.

(8) 생물학적 위험

① 위험: 나노바이오 실험에서는 생물학적 물질이 사용될 수 있으며, 감염 위험이 있습니다.

② 예방:

- 생물안전작업대 사용: 모든 생물학적 실험은 적절한 등급의 생물안전작업대에서 수행합니다.
- 적절한 개인보호장비 착용: 실험복, 장갑, 마스크 등을 착용합니다.
- 생물학적 폐기물 적절히 처리: 생물학적 폐기물은 별도로 수집하여 적절히 처리합니다.
- 손 위생 철저: 실험 전후 손 씻기를 철저히 합니다.

결론적으로, 나노공학 실험실에서의 안전은 다양한 위험 요소를 인식하고, 이에 대한 적절한 예방 조치를 취하는 것에서 시작합니다. 실험실 안전은 단순히 규칙을 따르는 것이 아니라, 모든 실험자가 안전의 중요성을 인식하고 적극적으로 안전 문화를 만들어가는 것이 중요합니다. 지속적인 안전 교육, 위험 평가, 안전 장비의 올바른 사용, 그리고 안전 수칙의 철저한 준수를 통해 나노공학 실험실을 안전하고 생산적인 연구 환경으로 만들 수 있습니다.

3.2. 실험실 안전 수칙

3.2.1. 개인보호장비(PPE) 착용

개인보호장비는 실험실에서 발생할 수 있는 다양한 위험으로부터 실험자를 보호하는 가장 기본적이고 중요한 수단입니다. 적절한 PPE 착용은 실험실 안전의 첫 번째 방어선입니다.

① 실험복

- 항상 긴 소매의 실험복을 착용합니다.
- 실험복은 면 100% 또는 난연성 소재로 된 것을 사용합니다.
- 실험복은 단추를 모두 잠그고, 몸에 꼭 맞는 것을 선택합니다.
- 실험복은 실험실 밖으로 나갈 때 반드시 벗습니다.

② 안전 안경

- 모든 실험 시 안전 안경을 착용합니다.
- 콘택트렌즈 착용자도 반드시 안전 안경을 착용해야 합니다.
- 화학 물질 취급 시에는 고글 형태의 안전 안경을 사용합니다.

③ 장갑

- 실험 특성에 맞는 적절한 재질의 장갑을 선택합니다.
- 화학 물질 취급 시 니트릴 장갑을 주로 사용합니다.
- 장갑은 주기적으로 교체하고, 오염 시 즉시 교체합니다.
- 장갑을 착용한 채로 문손잡이, 키보드 등 공용 물품을 만지지 않습니다.

④ 마스크

- 유해 가스나 분진이 발생하는 실험 시 적절한 마스크를 착용합니다.
- 나노물질 취급 시 N95 등급 이상의 마스크를 사용합니다.

⑤ 신발

- 발가락이 덮인 편안하고 미끄럼 방지 기능이 있는 신발을 착용합니다.
- 샌들이나 하이힐 등 발을 충분히 보호하지 못하는 신발은 착용하지 않습니다.

(2) 일반적인 실험실 행동 수칙

① 실험실 출입

- 허가된 사람만 실험실에 출입합니다.

- 실험실 출입 시 항상 적절한 PPE를 착용합니다.
- 실험실을 떠날 때는 PPE를 벗고 손을 씻습니다.

② 음식물 관련

- 실험실 내에서 음식물 섭취, 흡연, 화장 등을 절대 금지합니다.
- 음식물을 실험실 냉장고나 실험 테이블에 보관하지 않습니다.

③ 실험 수행

- 모든 실험은 사전에 승인을 받고 수행합니다.
- 혼자서 위험한 실험을 수행하지 않습니다.
- 실험 중 실험실을 떠나지 않습니다.
- 장시간 실험 시 동료에게 알리고 정기적으로 확인받습니다.

④ 실험실 정리정돈

- 실험 종료 후 사용한 기구와 작업대를 깨끗이 정리합니다.
- 통로와 비상구를 항상 깨끗이 유지하고 장애물을 두지 않습니다.
- 바닥에 흘린 것은 즉시 청소합니다.

⑤ 흡입구 사용

- 유해 물질 취급 시 항상 흡입구(fume hood) 내에서 작업합니다.
- 흡입구 사용 시 창을 적절한 높이로 유지합니다.
- 흡입구 내부에 불필요한 물건을 두지 않습니다.

(3) 화학 물질 취급 안전 수칙

① 물질안전보건자료(MSDS) 숙지

- 사용하는 모든 화학 물질의 MSDS를 사전에 숙지합니다.
- MSDS는 쉽게 접근할 수 있는 곳에 비치합니다.

② 화학 물질 보관

- 호환되지 않는 화학 물질은 분리 보관합니다.
- 모든 용기에 내용물, 농도, 제조일자, 제조자 등을 명확히 표기합니다.
- 유해 화학 물질은 잠금장치가 있는 장소에 보관합니다.

③ 화학 물질 취급

- 필요한 최소한의 양만 사용합니다.
- 피펫팅 시 절대로 입으로 하지 않고 피펫 에이드를 사용합니다.
- 화학 물질을 옮길 때는 안전한 이동 용기를 사용합니다.

④ 유출 대응

- 소량 유출 시: 적절한 개인보호장비를 착용하고 흡수제를 사용하여 처리합니다.
- 대량 유출 시: 즉시 실험실에서 대피하고 관리자에게 보고합니다.

⑤ 폐기물 처리

- 화학 폐기물은 종류별로 분리하여 지정된 용기에 버립니다.
- 폐기물 용기에는 내용물, 농도, 위험성 등을 명확히 표기합니다.
- 폐기물 용기는 90% 이상 채우지 않습니다.

(4) 생물학적 물질 취급 안전 수칙

① 생물안전작업대 사용

- 모든 생물학적 실험은 적절한 등급의 생물안전작업대에서 수행합니다.
- 작업 전후 생물안전작업대를 적절히 소독합니다.

② 무균 작업

- 무균 작업 시 화염이나 자외선 살균기를 사용합니다.
- 오염된 물품은 즉시 오염 제거 또는 폐기합니다.

③ 생물학적 폐기물 처리

- 생물학적 폐기물은 별도로 수집하여 멸균 처리 후 폐기합니다.
- 주사기 등 날카로운 물체는 전용 용기에 버립니다.

④ 개인위생

- 실험 전후 손을 철저히 씻습니다.
- 실험실에서 나갈 때는 장갑을 벗고 손을 씻습니다.

(5) 전기 안전 수칙

① 전기 장비 사용

- 사용 전 전기 장비의 상태를 확인합니다.
- 젖은 손으로 전기 장비를 만지지 않습니다.
- 전선이 손상된 장비는 사용하지 않습니다.

② 과부하 방지

- 하나의 콘센트에 여러 개의 전기 기기를 연결하지 않습니다.
- 멀티탭 사용 시 정격 용량을 초과하지 않도록 주의합니다.

③ 접지

- 모든 전기 장비가 적절히 접지되었는지 확인합니다.
- 접지되지 않은 장비는 사용하지 않습니다.

④ 전기 화재 대응

- 전기 화재 시 물을 사용하지 않고 C급 소화기를 사용합니다.
- 화재 발생 시 즉시 전원을 차단합니다.

(6) 화재 안전 수칙

① 화재 예방

- 실험실 내 흡연을 절대 금지합니다.
- 불필요한 가연성 물질을 실험실에 보관하지 않습니다.
- 버너 사용 시 주변에 가연성 물질이 없는지 확인합니다.

② 소화기 사용법 숙지

- 소화기의 위치와 사용법을 숙지합니다.
- 정기적으로 소화기 사용 훈련을 실시합니다.

③ 비상구 및 대피로 숙지

- 비상구와 대피로의 위치를 숙지합니다.
- 비상구와 대피로에 장애물을 두지 않습니다.

④ 화재 발생 시 대응

- 작은 화재: 소화기를 사용하여 초기 진화를 시도합니다.

- 큰 화재: 즉시 대피하고 소방서에 신고합니다.

(7) 응급 상황 대비

① 응급 장비 위치 숙지

- 비상 샤워, 세안기, 구급상자의 위치를 숙지합니다.

- 정기적으로 이들 장비의 작동 상태를 점검합니다.

② 응급 처치 훈련

- 기본적인 응급 처치 방법을 숙지합니다.

- 정기적으로 응급 처치 훈련을 실시합니다.

③ 비상 연락망 구축

- 비상 시 연락할 수 있는 연락망을 구축하고 눈에 띄는 곳에 게시합니다.

- 실험실 책임자, 안전관리자, 응급 의료 기관 등의 연락처를 포함합니다.

④ 사고 보고

- 모든 사고와 아차 사고를 즉시 보고합니다.

- 사고 원인을 분석하고 재발 방지 대책을 수립합니다.

(8) 폐기물 관리

① 폐기물 분리

- 일반 폐기물, 화학 폐기물, 생물학적 폐기물을 분리하여 수집합니다.

- 재활용 가능한 물품은 별도로 수집합니다.

② 화학 폐기물 관리

- 호환되지 않는 화학 폐기물은 별도의 용기에 수집합니다.

- 폐기물 용기에는 내용물, 위험성 등을 명확히 표기합니다.

③ 생물학적 폐기물 관리

- 감염성 폐기물은 멸균 처리 후 전문 업체를 통해 폐기합니다.

- 주사기 등 날카로운 물체는 전용 용기에 수집합니다.

④ 폐기물 저장 및 운반

- 폐기물은 지정된 장소에 안전하게 저장합니다.
- 폐기물 운반 시 유출되지 않도록 주의합니다.

(9) 정기 안전 점검

① 일일 점검

- 매일 실험 시작 전 간단한 안전 점검을 실시합니다.
- 작업 공간의 정리정돈, 전기 장비의 이상 여부 등을 확인합니다.

② 주간 점검

- 주 1회 더 자세한 안전 점검을 실시합니다.
- 소화기, 응급 장비, 개인보호장비 등의 상태를 점검합니다.

③ 월간 점검

- 월 1회 종합적인 안전 점검을 실시합니다.
- 화학 물질 재고, 폐기물 관리 상태, 전기 안전 등을 점검합니다.

④ 연간 점검

- 년 1회 전문가에 의한 종합 안전 진단을 실시합니다.
- 실험실 전반의 안전 상태를 평가하고 개선 사항을 도출합니다.

(10) 안전 교육 및 훈련

① 신규 실험자 교육

- 새로운 실험자에게 실험실 안전 수칙과 응급 상황 대처법을 교육합니다.
- 실험실 특성에 맞는 구체적인 안전 지침을 제공합니다.

② 정기 안전 교육

- 모든 실험자를 대상으로 정기적인 안전 교육을 실시합니다.
- 최신 안전 정보와 변경된 규정 등을 교육합니다.

③ 특수 장비 사용 교육

- 특수 장비 사용 전 반드시 사용법과 안전 수칙에 대한 교육을 실시합니다.
- 교육 이수자만 해당 장비를 사용할 수 있도록 합니다.

④ 비상 상황 대비 훈련

- 화재, 지진 등 비상 상황에 대비한 훈련을 정기적으로 실시합니다.
- 대피 훈련, 소화기 사용 훈련 등을 포함합니다.

3.3. 사고대응 업무 수행 체계*

3.3.1. 사고대응 단계별 수행업무

연구실 사고 발생 시 대응 단계별 수행업무는 아래와 같음

진행 단계	수행 업무	업무 수행
연구실 사고 발생		
사고보고	최초발견자(연구실책임자) → 안전담당부서 (연구실 안전환경관리자) → 연구주체의 장	연구실 안전관계자
사고대응	필요 시 연구실 사고대책본부 구성 사고피해 확대 방지 조치 연구실책임자에 의한 응급조치	연구실 안전관계자
사고조사	사고원인 규명 및 사고로 인한 인명 및 재산 피해 확인	안전담당부서
재발방지 대책 수립 시행	연구실 안전환경관리자는 사고보고 및 대책 수립 후 연구주체의 장에게 보고 연구실 책임자는 재발방지대책 시행	안전담당부서, 연구실 책임자
사후관리	재발방지 대책 시행 여부 확인 및 사고 분석결과를 바탕으로 향후 안전관리 추진체계 변경	연구주체의 장, 연구실 책임자

* 출처: 한국전문대학교육협의회(http://wiki.kcce.or.kr)

3.3.2. 사고보고 체계

○ 연구실에서 사고가 발생한 경우 사고 최초 발견자는 연구실책임자에게 즉시 보고

○ 연구실책임자는 보고체계에 의해 안전담당부서에 사고 발생 사항을 통보하고 필요 시 소방서 및 병원 등 유관기관에 협조요청

○ 안전담당부서는 연구주체의 장에게 사고 상황 보고

○ 연구실안전환경관리자는 중대 연구실사고가 발생한 경우에는 지체 없이 다음 각 항의 사항을 과학기술정보통신부에 전화, 팩스, 전자우편이나 그 밖에 적절한 방법으로 보고

- 사고발생 개요 및 피해상황
- 사고조치 및 전망
- 그 밖의 중요한 사항

○ 연구실안전환경관리자는 연구실안전법 시행규칙 제 8조의 2에 따라 일반연구실 사고 발생 시 그 날부터 1개월 이내에 연구실사고조사표를 작성하여 과학기술정보통신부 장관에게 제출

○ 연구실 사고보고 체계

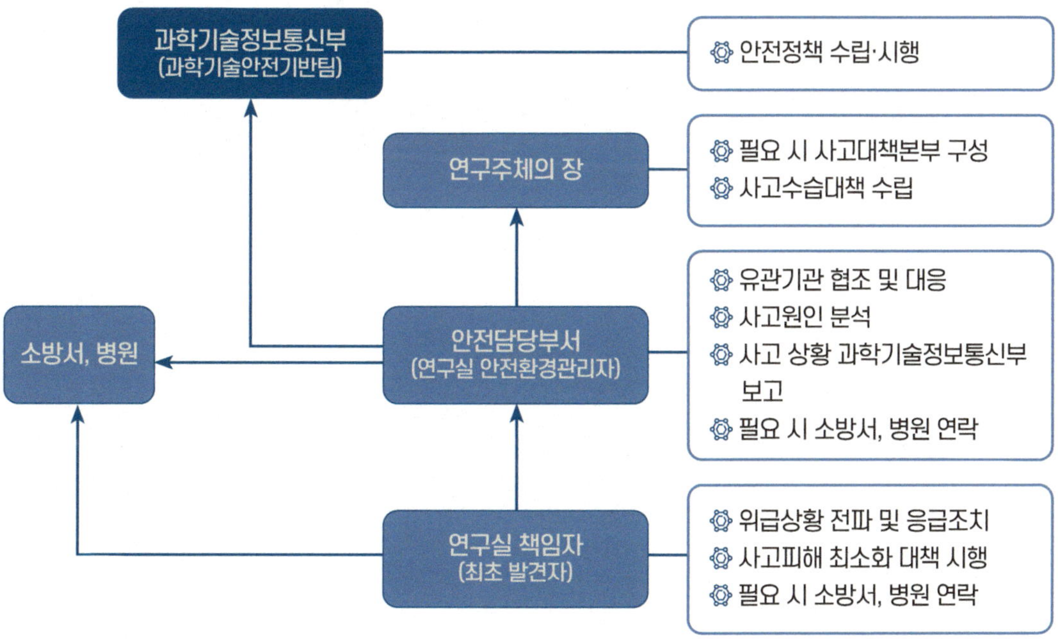

3.4. 위기대응 가이드(성균관대학교)*

3.4.1. 평소 준비사항

(1) 신고할 내용

○ 사고의 상황

○ 성명, 연락처, 위치

- 신고 시 안전에 이상이 없다면, 신고접수자가 사고(상황)에 대한 더 이상의 정보를 요구하지 않을 때까지 전화를 끊지 마시기 바랍니다.
- 신고 완료 후, 건물 내 사람들에게 사고사실을 알린 후 대피하고, 구조대가 현장에 도착할 때까지 안전한 장소에 대기해 주시기 바랍니다.

(2) 신고 전화번호

○ 안전 및 경비 : 5119

○ 보건진료소 : 5250

○ 시설물 고장

- 건축 : 5359, 5111
- 전기 : 5353, 5112
- 설비 : 5354, 5116

○ 학생상담센터 : 5260

(3) 사고대비

○ 우리대학에서는 비상사태 발생 시 인명, 재산 등의 피해를 최소화하기 위하여 최대한 노력하고 있습니다. 그리고 이러한 노력은 비단 대책뿐만 아니라 구성원 모두의 책임과 의무입니다. 따라서

* 출처: https://safety.skku.edu/SafeWaste/Danger1

본 위기대응 가이드와 대학 내 안전, 소방, 보건시설에 대한 위치 및 사용법 등을 평소에 충분히 숙지하시기 바랍니다.

(4) 사고에 대비하여 평소 준비해야 할 사항

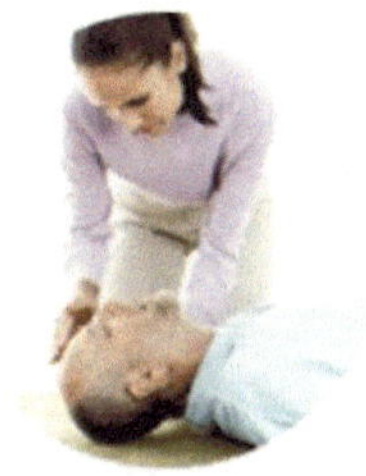

○ 본 위기대응 가이드의 내용을 잘 숙지할 것

○ 건물의 층별 평면, 피난구와 피난 후 집합장소를 파악할 것

○ 소화기, 소화전, 비상샤워, 세면기, 구급함 등 비상시설의 위치를 파악할 것

○ 소방훈련, 구급훈련, 심폐소생술 훈련 등에 적극 참여할 것

○ 나와 가족이 알아야 할 사항

- 비상시 해야 할 행동
- 이동할 곳
- 나의 부재 시 해야 할 행동
- 해외 여행시 연락처

(5) 비상 연락망

○ 지도교수

○ 범죄신고 : 112

○ 상황실(경비본부) : 5119

○ 구급신고 : 119

○ 피난 후 집합장소

3.4.2. 실험실 안전사고

화학물질 및 생화학 실험물질은 누출 시 훈련받고 숙달된 사람이 처리하여야 하며, 처리에 필요한 기구와 보호구 등은 실험실에 반드시 비치하여야 합니다.

(1) 화학물질 누출

○ 다량노출

다량누출

- 누출피해자의 상태에 유의하고, 주변의 사람들에게 사고 전파
- 오염된 피부, 눈은 흐르는 물로 15분 이상 충분히 세척
- 대학 상황실(내선 5119)에 사고 신고 및 지도교수(연구실험실 책임자에게) 사고 보고
- 누출현장에 일반인의 출입을 금지
- 인화성 물질이 누출된 경우 점화원에 의한 화재가 발생하지 않도록 주의
- 안전사고 발생의 우려가 있는 경우, 피난 절차에 따라 피난
- 현장에 출동한 대학 관계자에게 화학물질 누출에 대한 충분한 정보를 제공할 것

○ 소량노출

소량누출

- 주변의 사람들에게 사고전파
- 누출현장에 일반인의 출입을 금지
- 적절한 보호구(보안경, 안전장갑 등)을 착용
- 흡착포, 마른모래 등을 활용하여 누출된 화학물질 처리
- 오염된 모든 물질들을 실험폐기물로 처리
- 필요한 경우 대학관계자에게 도움 요청(내선 5119)

(2) 생화학 실험물질 누출

○ 부유된 감염성물질(bioaerosol)이 가라앉을 때까지 최소 30분간 출입을 제한

○ 누출지역 주변의 사람들에게 사고 전파

○ 누출물 처리 시 적절한 보호구(보안경, 안전장갑 등)을 착용

○ 오염제거제(1:10으로 희석된 표백제액 등)를 누출지역 주변에 뿌리되, 오염제거제가 튀지 않도록 주의

○ 오염제거제를 뿌린 후 20분이 경과한 후, 종이타월 등으로 누출지역 가장자리부터 중심

부로 닦기

○ 오염된 모든 물질들을 생화학 실험폐기물로 처리

3.4.3. 신체상해

상해 입은 경우 상황에 따라 내선520번으로 연락하여 의학적 상담을 받기 바라며 지도교수와 대학 안전담당자에게 즉시 보고하시기 바랍니다.

평소 응급처치법 및 심폐소생술을 익혀 응급상황에 충분히 대비하여야 합니다.

(1) 응급처치

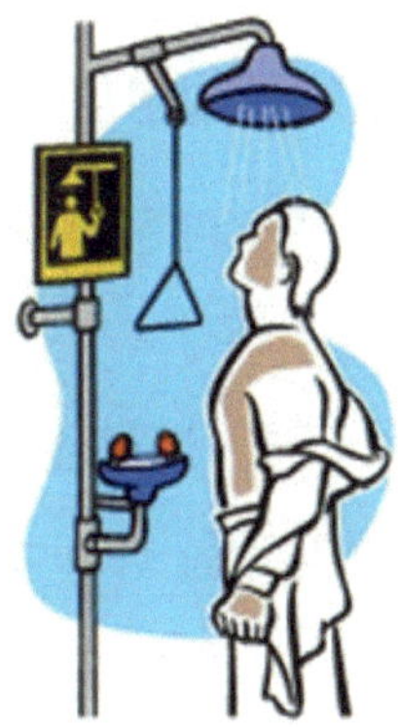

○ 옷에 불이 붙은 경우

- 물이나 담요 등을 이용해서 불을 끄거나
- 바닥에 굴러 불을 끈다

○ 유해한(생물, 화학, 방사능) 물질에 신체가 오염된 경우

- 오염된 옷을 벗고,
- 오염된 부위를 흐르는 물로 최소 15분간 씻은 후
- 보건진료소(내선 5250번)로 연락하여 대처법을 안내 받음

○ 약간 베이거나 찔린 경우

- 감염에 주의
- 베인 부위를 흐르는 물로 씻어 이물질을 제거
- 출혈의 경우 눌러서 지혈하되
- 상황에 따라 붕대를 사용
- 보건진료소(내선 5250번)에서 상처 확인 및 치료

○ 심각한 상해

- 보건지료소(내선 5250번) 또는 119에 신고

(2) 사고보고

모든 사고는 지도교수와 대학 상황실(내선 5119)에 즉시 신고

3.4.4. 화재와 피난

화재발생시 일단 평소와 다름없이 침착하시기 바랍니다. 비상시 원활한 피난에 방해가 되므로 건물내부의 복도, 비상계단, 피난구에는 물품을 무단 적치하거나 피난구를 임의로 잠그지 마시기 바랍니다.

피난 후에는 안전한 장소에서 대기하시고, 대학의 안전담당자의 공지가 있기 전에는 건물내부에 다시 들어가지 말기 바랍니다.

(1) 화재발생시

◯ 주위의 사람들에게 화재사실을 알리고
◯ 화재경보기 단추를 누르고,
◯ 출입문을 닫아 화재와 연기의 확산을 예방하며
◯ 안전한 장소로 피난 (절대 엘리베이터를 사용하지 말 것)

(2) 소화기 사용법

◯ 안전핀을 뽑고
◯ 한 손으로 노즐을 화재 쪽으로 향하게 잡은 후
◯ 다른 한 손으로 손잡이를 잡아 약제를 방출시키고
◯ 비로 쓸 듯이 소화

(3) 피난

◯ 평소 가까운 피난구의 위치숙지
◯ 지나온 문은 모두 닫으며 피난
◯ 아래의 경우 신속히 피난

- 소방벨이 울릴때,

- 구급 비상 안전 업무 관계자의 피난 공지가 있을 때
- 생명의 위협이 있을 때

◯ 가까운 피난구로 신속히 피난화되, 절대 뛰지 않기

(4) 건물 밖으로 피난 후

◯ 피난 후 집합장소로 모일 것

◯ 화재진화에 필요한 충분한 정보를 제공할 것

◯ 동료들과 함께모여 공지사항에 주의를 기다릴 것

◯ 대학 안전담당자의 허가 없이 방송, 신문 등과 인터뷰 하지 말 것

◯ 대학 안전담당자의 공지가 있기 전에는 건물내부에 다시 들어가지 말 것

3.4.5. 요약 및 제언

실험실 안전은 모든 실험자의 책임입니다. 위의 안전 수칙들을 철저히 준수함으로써 우리는 안전하고 생산적인 연구 환경을 만들 수 있습니다. 하지만 안전 수칙의 단순한 암기와 기계적인 적용만으로는 충분하지 않습니다. 진정한 안전 문화는 모든 구성원이 안전의 중요성을 깊이 인식하고, 일상적인 실험 활동에서 안전을 최우선으로 고려할 때 형성됩니다.

안전한 실험실 환경을 유지하기 위해서는 다음과 같은 점들을 항상 명심해야 합니다.

① 예방이 최선의 대책입니다. 사고가 발생하기 전에 위험 요소를 식별하고 제거하는 것이 가장 효과적인 안전 관리 방법입니다.

② 안전은 지속적인 과정입니다. 한 번의 교육이나 점검으로 끝나는 것이 아니라, 일상적이고 지속적인 노력이 필요합니다.

③ 의사소통이 중요합니다. 안전 문제나 우려 사항을 발견했을 때 즉시 보고하고 공유하는 문화를 만들어야 합니다.

④ 안전은 모두의 책임입니다. 실험실 책임자부터 학생에 이르기까지 모든 구성원이 안전에 대한 책임을 공유해야 합니다.

⑤ 안전 수칙은 유연하게 적용되어야 합니다. 새로운 실험 기법이나 장비가 도입될 때마다

관련 안전 수칙을 검토하고 필요하다면 수정해야 합니다.

⑥ 안전은 연구의 질과 직결됩니다. 안전한 환경에서 수행된 실험은 더 신뢰할 수 있는 결과를 만들어냅니다.

마지막으로, 안전은 단순히 규칙을 지키는 것 이상의 의미를 갖습니다. 그것은 자신과 동료들의 건강과 생명을 지키는 일이며, 나아가 연구의 진실성과 신뢰성을 보장하는 기본 조건입니다. 따라서 모든 실험실 구성원들은 안전을 최우선 가치로 삼고, 항상 경각심을 가지고 실험에 임해야 합니다. 안전한 실험실은 우리 모두의 노력으로 만들어집니다. 함께 노력하여 안전하고 생산적인 연구 환경을 만들어 나갑시다.

제4절 실험 자료의 처리*

4.1. 과학적 표기법

과학에서 매우 크거나 작은 수를 흔히 보게 된다. [표 1]에 나타난 바와 같이 숫자를 1에서 10사이의 수에 10의 지수곱을 곱해서 표기했을 때 과학적 표기를 했다고 한다.

과학과 공학 계산에 적합한 모든 계산기와 컴퓨터들의 입출력은 과학적으로 표기된 수들로 한다. 그러나 이들 계산기나 컴퓨터는 입력에 잘못이 있는지 또는 계산값이 타당성을 갖는지를 결정하지 못하므로 이 문제는 자신의 책임이다. 그러므로 계산값의 차수를 마음속으로 예측해서 계산 결과를 대강 검토해 보는 습관을 길러야만 할 것이다.

[표 1]

Speed of light	c	3.00×10^{8} meters/sec = 1.86×10^{5} miles/sec
Universal gas constant	R	8.31 joules/mole °K = 1.99 cal/mole °K = 0.0823 li-atm/mole °K
Triple point of water	T_{tr}	273.16 °K
Avogadro's constant	N_0	6.02×10^{23} molecules/mole
Boltzmann's constant	k	1.38×10^{-23} joule/molecule °K
Planck's constant	h	6.63×10^{-34} joule-sec
Elementary charge	e	1.60×10^{-19} coul

* 출처: 대한화학회 발간 물리화학실험

Density of air (STP)	1.29 kg/meter^3
Density of water (20 °C)	1.00×10^3 kg/meter^3
Density of mercury (20 °C)	13.5×10^3 kg/meter^3
Speed of sound in dry air (STP)	331 meters/sec = 1090 ft/sec
Acceleration of gravity (standard)	9.81 meters/sec^2 = 32.2 ft/sec^2
Standard atmosphere	1.01×10^5 nt/meter^2 = 14.7 lb/in^2 = 760mmHg
Heat of fusion of water (0 °C, 1 atm)	79.7 cal/gm
Heat of vaporization of water	539 cal/gm
Melting point of ice	0.00 °C = 273.15 °K
Ratio of specific heats (γ) for air (20 °C)	1.4
Wavelength of the sodium yellow doublet	5892 Å
Index of refraction of water (@ 5892 A)	1.33
Index of refraction of crown glass (@ 5892 A)	1.52

4.2. 실험오차

모든 정량적 측정은 어느 정도의 오차를 갖는다. 추가로 측정해 보거나 또는 실험 기구를 바꿈으로써 오차를 줄이려 하지만 완전히 오차를 제거할 수는 없다. 따라서 실험의 타당성의 한계를 설정하기 위해서는 정량적 방식으로 실험 결과를 평가할 수 있는 것이 중요하다. 오차는 두 가지 형태로 나타나는데 정밀도의 부족에 기인한 우연오차(accidental error)와 정확도의 부족에 기인한 계통오차(systematic error)이다.

4.3. 정밀도와 우연오차

정밀도(precision)란 실험 결과를 비교했을 때 일치되는 정도를 나타내는 것으로, 가능한 한 동일한 조건에서 측정을 반복하여 결정한다. 만약 조건이 똑같다면 측정 간의 차이는 우연오차에 기인한다. 특정한 예로 전자의 전하를 측정한 중요한 실험으로, 1909년에 미국의 물리학자 R.Millikan에 의해 행해진 유적 실험의 실제 결과들을 일부 살펴보자.

이 실험은 공기 중에 부유하는 전하를 띤 기름방울이 전기장 하에서 어떻게 거동하는가에 관한 연구이다. Millikan은 많은 종류의 기름 방울에 대해 수백 번의 측정을 했지만, 여기서는 하나의 특정한 방울에 대해 측정된 전자의 전하량 e에 대한 일련의 값을 살펴보기로 하자. 이 측정값들은 [표 2]에 나타낸 바와 같이 $(4.894\sim4.941) \times 10^{-10}$esu에 걸쳐 있다. e의 가장 적합한 값을 보고하기 위해 어떤 값을 택해야 할까? 적절한 순서는 먼저, 어떤 값이 나머지 값과 특별히 차이가 많이 나는 측정값이 있는지 살펴보기 위해, 자료를 조사해야 한다(이 경우 5×10^{-10} esu 이상의 값이 이 범주에 해당한다.) 이러한 값들은 측정하는 도중 또는 기록의 실수에 기인할 가능성이 많으므로 제외한다 (비록 과학에서 이러한 예외적인 값들이 중요한 발견을 초래한 경우들도 있었다). Millikan의 자료에서는 이런 예외적인 값이 없다. e에 대한 최선의 값을 얻기 위해 측정값들을 더 하고 측정 횟수로 나누어 평균값을 계산한다.

[표 2]

실험	1	2	3	4	5	6	7	8	9	10	11	12	13
e/10^{-10} esu	4.915	4.92	4.937	4.923	4.931	4.936	4.941	4.902	4.927	4.9	4.904	4.897	4.894

어떤 성질을 N회 측정하면 그 측정값 $(x_1, x_2, ..., x_N)$의 평균을 다음과 같이 쓸 수 있다.

$$\overline{x} = \frac{1}{N}(x_1 + x_2 + ... + x_N) = \frac{1}{N}\sum_{i=1}^{N} x_i$$

위의 경우에 e에 대한 평균전하량 값은 4.917×10^{-10}esu로 주어진다. 이 평균값만으로는 불확실성에 관한 어떠한 추정도 할 수 없다. 만약 모든 측정값들이 $(4.91\sim4.92) \times 10^{-10}$esu 사이에 해당하는 값들을 갖는다면, 측정값들이 $(4\sim6) \times 10^{-10}$esu 사이에 놓일 때보다 불확실성이 적을 것이다. 이러한 생각들을 어떻게 정량화할 수 있을까? 표준편차 (standard deviation) σ로 불리는 자료의 분포에 대한 통계적 측정이 이 경우 유용하다. 표준편차의 σ의 공식은

$$\sigma = \sqrt{\frac{(x_1 - \overline{x})^2 + (x_2 - \overline{x})^2 + ... + (x_N - \overline{x})^2}{N-1}}$$
$$= \sqrt{\frac{1}{N-1}\sum_{i=1}^{N}(x - \overline{x})^2}$$

표준편차는 평균값 $\bar{x}$에서 개개의 자료 편차의 제곱을 더한 다음 N-1로 나누고 제곱근을 취해서 얻는다. 신뢰한계는 다음과 같이 정의된다.

$$\text{신뢰한계} = \pm\frac{t\sigma}{\sqrt{N}}$$

측정 횟수 N과 신뢰수준에 대한 인자 t가 [표 3]에 실려있다.

[표 3] 신뢰수준에 대한 인자 t

N	각 신회환계에 대한 t			
측정 횟수	80%	90%	95%	99%
2	3.08	6.31	12.7	63.7
3	1.89	2.92	4.3	9.92
4	1.64	2.35	3.18	5.84
5	1.53	2.13	2.78	4.6
6	1.48	2.02	2.57	4.03
7	1.44	1.94	2.45	3.71
8	1.42	1.90	2.45	3.71
9	1.40	1.86	2.31	3.50
10	1.38	1.83	2.26	3.25
11	1.37	1.81	2.23	3.17
12	1.36	1.80	2.20	3.11
13	1.36	1.78	2.18	3.06
14	1.35	1.77	2.16	3.01
15	1.34	1.76	2.14	2.98

Millikan의 자료에서 N=13이고 $\sigma = 0.017 \times 10^{-10}$esu 이다. 13회 측정에서 95% 신뢰에 t는 [표 3]에서 2.18이므로 신뢰한계는

$$\text{신뢰한계} = \pm\frac{(2.18)(0.017\times 10^{-10}esu)}{\sqrt{3}} = \pm 0.010\times 10^{-10}esu$$

따라서 참평균(같은 조건하에서 무한한 횟수의 실험을 반복해서 얻어짐)이 평균 4.917×10^{-10}esu의 $\pm 0.010 \times 10^{-10}$esu 사이에 놓일 확률은 95%이다. 그러므로 95% 신뢰수준에서 e의 최선의 값은 $(4.917 \pm 0.010) \times 10^{-10}$esu와 같이 나타낼 수 있을 것이다. 그러나 또 다른 신뢰수준과 다른 측정 횟수에 대해서는 인자 t와 신뢰한계가 변한다.

4.4. 정확도와 계통오차

전자의 전하량 e는 Millikan의 유적실험 이래 여러 가지 다른 기술에 의해 측정되어왔다. e에 대한 현재의 최선의 값은

$$e = (4.80320680 \pm 0000015) \times 10^{-10}\ \text{esu}$$
$$= (1.602177330 \pm 00000049) \times 10^{-10}\ \text{Coul}$$

이 값은 Millikan의 본래 자료에서 계산한 불확실성의 범위 밖에 놓인다. 사실 위의 값은 e의 전하 측정값 13개 중의 가장 작은 값의 밑에 놓인다. 왜 그럴까?

이 모순을 이해하기 위해 어느 실험에서나 오차의 두 번째 요인이 있음을 기억할 필요가 있다. 계통오차는 참값으로부터 측정값의 이동을 초래하여 측정값의 정확도(accuracy)를 감소시킨다. 측정 횟수를 늘림으로써 우연오차에 기인한 불확실성을 줄일 수 있고 결과의 정밀도를 향상시킬 수 있다. 그러나 계통오차가 있으면 평균값과 참값과 계속해서 일치하지 않을 것이다. 그러한 계통오차는 측정기구의 눈금이 잘못되었거나 특성을 측정하려는 기술이 근본적으로 부적절함으로써 발생할 수 있다. Millikan 실험의 경우에는 그 당시 사용된 공기의 점성도(전자의 전하를 계산하는 데 사용되었다)가 그 후에 잘못된 것으로 밝혀졌다. 이 까닭으로 Millikan 실험은 너무 높은 전자의 전하량 값을 보이게 되었던 것이다.

그러므로 오차는 두 가지 원인에서 생긴다. 정밀도의 부족에 기인한 우연오차는 여러 번의 측정에 대한 통계적 분석에 의해 평가될 수 있지만 정확도의 부족에 기인한 계통오차는 훨씬 더 해결하기 곤란하다. 계통오차가 있는 것으로 알려지면 측정값을 보고하기에 앞서 계통오차를 제거하기 위해 최선을 다해야 한다(예를 들면 실험 기구의 눈금이 정확하지 않으면 다시 눈금을 만들어야 한다). 문제는 우리가 알지 못하는 계통오차가 있을 수 있다는 것이다. 이러한 경우에는 한 특정 부분의 장치에 기인한 계통오차를 제거하기 위해 다른 기구를 가지고 실험을 반복해 보아야 한다. 더 나은 방법은 성질을 측정하기 위한 또 다른 독립적인 방식을 고안할 수도 있다. 충분한 독립된 실험 자료를 이용할 수 있을 때 결과의 정확성을 확신할 수 있다.

4.5. 유효숫자

유효숫자(significant figure)의 개수는 측정된 또는 계산된 양을 표현하기 위해 사용된 숫자의 개수로, 첫 번째로 0이 아닌 숫자의 앞에 놓인 0은 제외한다. 염화나트륨 시료의 질량이 8.241g으로 측정되었고 불확실성은 ±0.001g으로 평가된다고 가정하자. 시료의 질량은 4개의 유효숫자를 갖는다고 말하는데 왜냐하면 처음의 세 숫자(8, 2, 4)는 확실하고 네 번째 숫자 1에는 불확실성이 있지만 그래도 여전히 의미가 있다. 그렇지만 1 다음에 추가로 더 숫지를 적는 것은 질량의 정확성을 향상시키지 않는다면 의미가 없다. 부피가 22.4L로 기록될 때, 측정에서의 불확실성은 마지막 숫자에 있다. 예를 들면 V=(22.4±0.3)L와 같은 신뢰한계의 의미를 지닌다. 반면에 22.43L로 쓰여진 부피는 불확실성이 훨씬 작음을 암시하고 불확실성은 네 번째 유효숫자에서 나타난다.

같은 방식으로 20.000m로 적은 것은 20.0m로 적는 것과 매우 다르다. 세 개의 유효 숫자를 갖는 두 번째의 측정값은 보통 미터자로 쉽게 얻을 수 있다. 다섯 개의 유효숫자를 갖는 첫 번째 측정값은 더욱 정밀한 방법을 필요로 한다. 그렇지만 결과 보고를 “700m”와 같이 하는 것을 피하도록 한다. 왜냐하면 뒤에 오는 두 개의 0이 유효할 수도 있고 유효하지 않을 수도 있기 때문이다. 위의 값에서 불확실성은 ±1m 또는 ±10m 또는 ±100m일 수도 있다. 더 이상의 정보가 없이 불확실성을 말하는 것은 불가능하다. 이러한 모호함을 피하기 위해 앞서 표1에 기술된 과학적 표기를 사용하여 적을 수 있다. 측정값 “700m”는 다음의 어떤 값으로 해석된다.

7.00×10^2m: 유효숫자 세 자리

7.0×10^2m: 유효숫자 두 자리

7×10^2m: 유효숫자 한 자리

흔히 최종 결과를 얻기 위해 여러 다른 실험 값들을 결합시킬 필요가 있다. 어떤 연산은 덧셈이나 뺄셈을 포함하고 다른 연산은 곱셈이나 나눗셈을 필요로 한다. 계산된 결과에 포함되는 유효숫자의 수에 대한 사칙연산의 효과를 조사해 볼 필요가 있다. 예를 들어 8.241g의 염화나트륨 시료가 160.1g의 물에 용해되었다고 가정하자. 위의 결과로 용액의 질량은 얼마가 될까?

간단히 160.1+8.241=168.341로 쓰고 싶지만 이것은 옳지 않다. 물의 질량은 160.1g이라고 말하는 속에는 소수점 첫째 수에 어떤 불확실성이 있음을 암시한다. 이 불확실성은 질량의 합에도 적용되어야 하므로 합에서 마지막 두 숫자는 유효하지 않으므로 반올림하면, 최종결과로 168.3이 남는다.

덧셈 또는 뺄셈을 한 후에, 그 결과는 처음 수에서 불확실한 숫자를 포함하는 가장 왼쪽 소수점 자리에서 반올림한다. 반올림은 간단한 연산으로 먼저 유효하지 않는 숫자를 버리고 나서 남는 마지막 자리 숫자를 조정하는 것이다. 만약 첫 번째 버린 숫자가 5보다 작다면 남은 숫자는 그대로 둔다. 예를 들면 168.341은 반올림하면 168.3이다. 왜냐하면 첫 번째 버린 숫자 4는 5보다 작기 때문이다. 만약 첫 번째 버린 숫자가 5보다 크거나 5와 같고 0이 아닌 하나 또는 그 이상의 숫자가 뒤에 온다면 마지막 자리에 1을 더한다. 예를 들면 168.364와 168.3503 모두 네 번째 숫자에 대해 반올림했을 때 168.4가 된다. 끝으로 만약 첫 번째 버려지는 숫자가 5이고 뒤에 오는 숫자가 모두 0이라면, 남은 숫자의 마지막 자리는 가장 가까운 짝수로 반올림된다. 예를 들면 168.35와 168.45는 모두 168.4로 반올림된다. 위의 마지막 규칙은 올려진 수와 내려진 수의 개 수를 같게 하기 위해 택한 것이다. 때로는 다른 방식이 사용되기도 한다.

곱셈이나 나눗셈에서는 덧셈이나 뺄셈에서와 같이 소수점의 위치가 문제가 아니고 가장 정확 도가 떨어지는 양의 유효 숫자의 개수가 문제가 된다. 예를 들면 시료의 부피는 4.34cm이고, 질량은 8.241g이라고 가정하자. 예컨대 밀도를 구하기 위해서 계산기를 사용해서 질량을 부피로 나눈다면

$$\frac{8.241g}{4.34cm^3} = 1.89884...g\,cm^{-3}$$

을 얻게 된다. 그러면 유효숫자는 몇 자리가 되어야 하는가? (네 개의 유효숫자를 갖는 질량에 반해 세 개의 유효 숫자를 갖는) 부피가 덜 정확하게 알고 있는 양이므로, 이 양이 올바르게 보고될 수 있는 밀도의 정밀도를 제한한다.

세 자리의 유효 숫자만이 타당성이 있으므로, 결과는 1.90gcm로 반올림된다. 그러므로 곱셈이나 뺄셈의 결과에서 유효 숫자의 개수는 계산에 쓰여진 각 수치가 가지고 있는 유효 숫자의 개수 중 가장 작은 수가 되어야 하는 것이다.

셈을 다 마치고 나서 최종 결과를 올바른 개수의 유효 숫자를 갖도록 반올림하는 것이 계산 전에 먼저 자료를 반올림하는 것보다 좋다. 이 둘 간의 차이는 대개 작지만, 그럼에도 불구하고 이 제안을 따르는 것이 바람직하다. 예를 들면, 세 개의 거리 15m, 6.6m, 12.6m를 더하는 바른 방법은

$$\begin{array}{r} 15m \\ +\ \ 6.6m \\ +\ 12.6m \\ \hline 34.2m \rightarrow 34m \end{array} \text{ 이 } \quad \begin{array}{rr} 15m \rightarrow & 15m \\ 6.6m \rightarrow & +\ \ 7m \\ 12.6m \rightarrow & +\ 13m \\ \hline & 35m \end{array} \text{ 보다 좋다.}$$

같은 이유로 흔히 문제를 푸는 중간 단계에서도 비유효숫자를 지니고 다니고 단지 최종 답을 위해서만 반올림한다. 만약 계산이 전적으로 과학 계산기나 컴퓨터에 의해 행해졌다면, 보통 비유효숫자들은 자동적으로 따라다닌다. 그렇지만 최종 답을 보고하기 전에 적절한 수의 유효숫자로 반올림하는 것이 중요하다.

때로는 계산에 순수한 상수가 나타난다. 이러한 경우에 결과의 정확도는 다른 요인들의 정확도에 의해 결정된다. 구의 부피 $\frac{4}{3}\pi r^3$에서 불확실성은 반경 r의 불확실성에만 기인한다. 4와 3은 순수한 상수이고 (각각 4.00…와 3.00…)는 반경이 필요한 만큼의 많은 유효숫자 (3.14159265…)로 쓸 수 있다.

※ 출처: <대한화학회 발간 물리화학실험>에서 발췌

제1장

기초나노공학실험

제1절 전기방사 기술

제2절 마찰전기 나노발전기

제3절 전기방사 기술을 이용한 마찰전기 나노발전기 제작

들어가는 말

전기방사 기술을 기반 나노발전기 제작을 통해 나노분야 실험과정의 전반적인 이해와 실습을 수행한다.

제1절
전기방사 기술의 기초

전기방사의 기능과 작동원리는 어떻게 되나?

1.1. 전기방사 기술의 개요

전기방사(electrospinning)는 고전압 전기장을 이용해 고분자 용액을 나노섬유(nanofiber)로 제조하는 전기수력학(electrohydrodynamics) 공정 기술이다. 전기적 힘이 고분자 용액 표면에 작용하여 나노미터 수준의 고분자 섬유를 형성하게 된다(그림 1-1). 전기방사는 직경이 수십에서 수백 나노미터에 이르는 매우 얇은 나노섬유를 생산하는 데 사용되며, 그 결과물은 높은 표면적 대 부피비, 우수한 기계적 강도, 유연성, 높은 투과성/다공성 등의 특

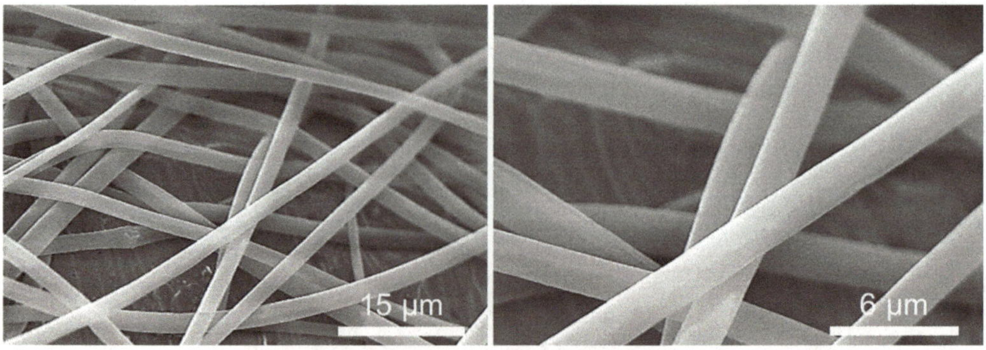

[그림 1-1] 전기방사 나노섬유 전자현미경 사진

성을 지닌다. 이러한 특성으로 인해 에너지, 바이오, 반도체 및 디스플레이 산업을 포함한 다양한 분야에서 전기방사로 제조된 나노섬유가 폭넓게 활용되고 있다.

전기방사는 기본적으로 고분자 용액을 실린지 펌프를 통해 노즐(혹은 니들)로 밀어내면서, 노즐에 고전압을 인가하여 나노섬유를 제조한다. 이때 고전압에 의해 노즐에서 토출된 고분자 용액은 테일러 콘(Taylor cone) 형태를 이루며, 전기적 힘이 점탄성 고분자 용액을 가느다란 섬유 형태로 당겨내어 나노미터 수준의 직경을 지닌 나노섬유가 만들어진다. 이 나노섬유는 집전판(collector)에 모여 부직포(non-woven) 구조의 나노섬유 매트나 필름 형태로 수집된다(그림 1-2).

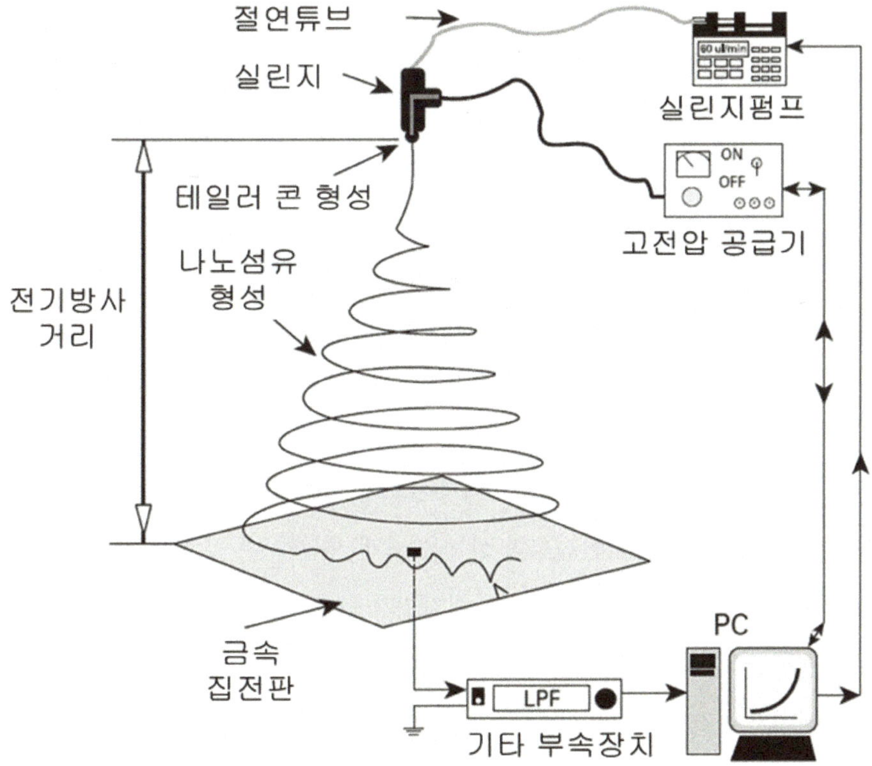

[그림 1-2] 전기방사 장치 구성도

전기방사 기술의 역사는 1930년대부터 시작되었지만, 1990년대에 이르러 다양한 응용 기술이 개발되면서 여러 산업 분야에 소개되기 시작했다. 기존 섬유 제조 기술과 달리 매우 미세한 직경의 나노섬유를 생산할 수 있으며, 이로 인해 극미세 기술 및 소재를 필요로 하는 첨단분야

산업에서 크게 주목받기 시작했다. 2000년대 이후에는 대면적 나노섬유 필름이나 나노섬유 매트를 빠르고 균일하게 제조할 수 있는 롤투롤(Roll-to-Roll) 시스템 기반 전기방사 공정 기술이 보급되기 시작했다(그림 1-3).

롤투롤 전기방사 공정 기술은 전기방사 나노섬유의 활용 범위를 더욱 확장해, 현재 전기방사 나노섬유는 마스크, 미용 패치, 기능성 의류 등 일상 생활용품부터 시작하여, 고성능 필터, 이차전지 분리막, 고기능성 멤브레인 등 첨단소재까지 다양하게 응용되고 있다. 예를 들어, 마스크에 사용되는 나노섬유 필터는 미세먼지와 바이러스를 효과적으로 차단하는 동시에 공기의 흐름을 원활하게 유지할 수 있는 특성을 제공할 수 있다.

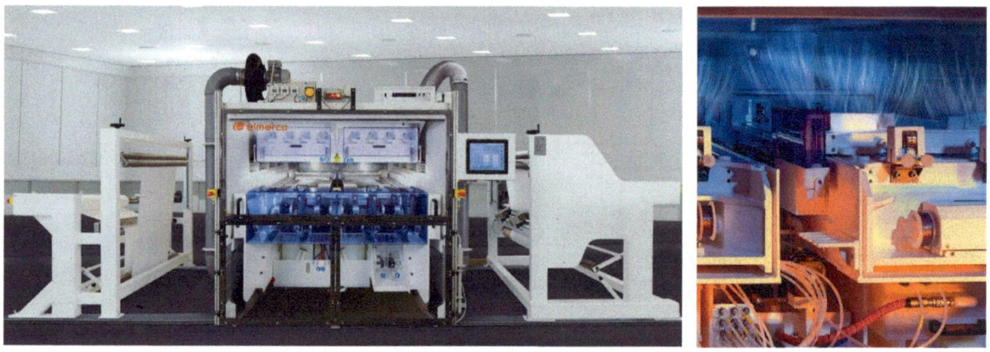

[그림 1-3] elmarco 사의 롤투롤 전기방사 장치 (https://www.elmarco.com)

전기방사로 제작된 나노섬유는 에너지 분야에서도 중요한 역할을 하고 있다. 이차전지의 분리막 소재로 사용되면, 배터리의 안전성과 성능을 크게 개선할 수 있으며, 고효율 에너지 하베스팅 디바이스나 신축성이 뛰어난 웨어러블 전자기기에서도 활용되고 있다. 나노섬유의 뛰어난 기계적 성질 및 유연성과 더불어 원하는 물성을 선택적으로 부여할 수 있는 기술적 특징을 지녀, 차세대 에너지 저장 및 변환 시스템에서 핵심적인 나노소재로서 최근 크게 드러나고 있다. 이처럼 전기방사 기술은 기능성 나노섬유 제조를 위한 필수적인 기술로 자리 잡았으며, 향후 더 많은 응용 가능성을 통해 다양한 산업 분야에서 지속적으로 발전할 것으로 전망된다.

1.2. 전기방사 기술의 원리

전기방사 기술의 핵심은 미세 직경의 노즐 출구에서 고분자 용액의 안정적인 테일러 콘 형성에 있다. 실린지 펌프를 통해 고분자 용액을 노즐을 통해 밀어내고 동시에 용액 표면에 전기장이 인가되면, 노즐에서 토출된 용액의 형태는 3차원 도형인 원뿔형의 테일러 콘으로 변형된다(그림 1-4). 테일러 콘은 점탄성 고분자 용액을 집전판 방향으로 당기는 전기적 힘과 노즐에서 토출된 용액의 면적을 최소화하려는 표면장력 간의 균형에 의해서 형성되며, 전기적 힘이 우세해지면서 용액은 집전판을 향해 나노섬유 형태로 방사가 된다.

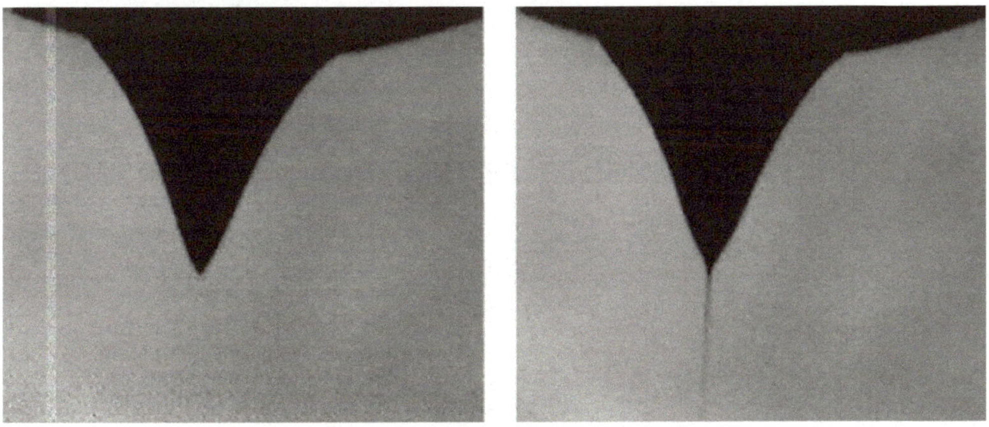

[그림 1-4] 노즐 출구에서 토출된 고분자 용액의
(좌) 테일러 콘 형성 순간 및 (우) 높은 전기적 힘에 의한 방사 순간의 초고속 카메라 사진

한편 전기방사 과정 중에 나노섬유가 비선형적으로 굽어지는 굽힘 불안정성(bending instability) 현상이 일어난다. 전기장에 의해 노즐에서 토출된 고분자 용액은 초반에는 직선적으로 뻗어나가다가, 일정 거리를 지나면서 복잡하게 휘어지는 곡선 형태로 변화한다. 토출된 고분자 용액에 가해지는 전기적 힘이 증가하며 토출된 용액이 비선형적으로 휘어지며 꼬이기 시작하는 것이다(그림 1-5). 이 과정에서 방사된 고분자 용액의 용매 휘발이 가속화되고 고분자 섬유 표면에 가해지는 전단 변형력이 증가하여, 전기방사 중인 고분자 섬유의 직경은 초기보다 수백 배에서 수천 배 가늘어진다. 굽힘 불안정성 현상은 나노섬유 내부의 고분자 사슬 구조와 배향성에도 큰 영향을 준다.

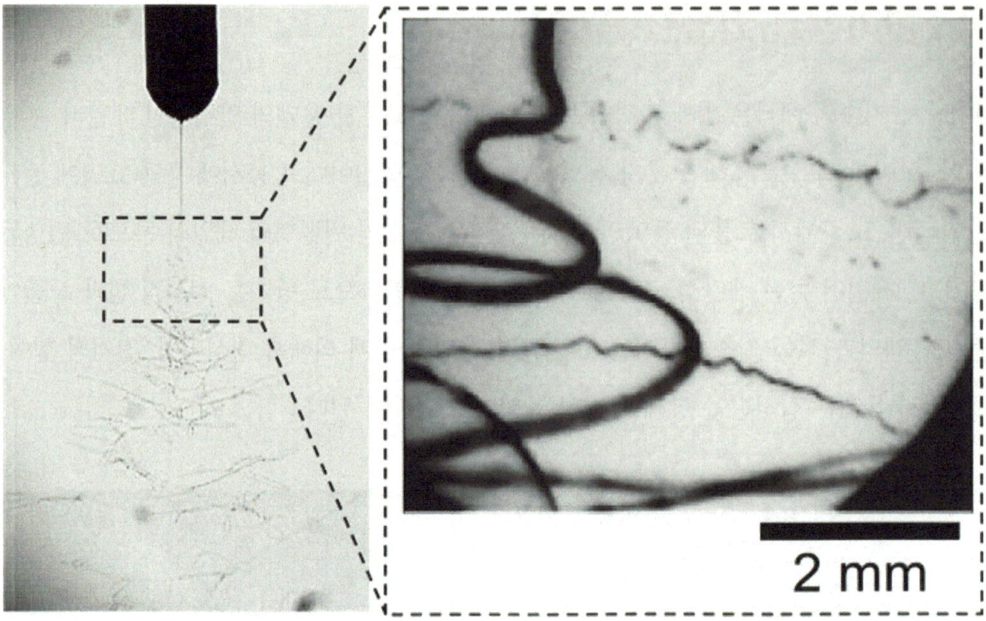

[그림 1-5] 전기방사 과정 중에 발생하는 굽힘 불안정성(bending instability) 초고속 카메라 사진

이러한 나노섬유의 형성에는 노즐과 집전판 사이에 형성된 전기장의 성질(전압 세기, 방향 등), 고분자 용액의 유변학적 물성(점탄성, 점도, 표면장력 등), 전기방사 거리 등의 여러 변수가 영향을 미친다. 일반적으로 실험에서는 나노섬유의 형성 및 형성된 나노섬유의 여러 물성을 결정하는 중요한 변수는 고분자 용액의 점탄성과 인가된 전압의 세기이다. 일반적으로 높은 점탄성의 용액은 굵은 섬유를 생성하고, 높은 전압은 더욱 미세한 나노섬유를 형성하게 된다.

1.3. 전기방사 장치의 구성 요소

전기방사 장치는 크게 고전압 공급기, 실린지 펌프, 노즐(혹은 니들), 집전판으로 구성된다(그림 1-2). 고전압 공급기는 실린지에 있는 고분자 용액에 고전압을 인가하여 용액이 나노섬유로 방사되도록 한다. 일반적으로 수 kV에서 수십 kV 범위의 전압을 인가하며, 전기방사 속도와 나노섬유 직경에 영향을 미친다. 높은 전압 사용 시 안전이 매우 중요하므로, 반드시 절연 장갑과 보호 장비를 착용해야 한다. 또한, 고전압 공급기의 적절한 접지가 필수적이다.

실린지 펌프는 고분자 용액을 일정한 속도로 공급하는 장치로, 수백 μL/h 수준의 일정한 유량으로 고분자 용액을 공급한다. 유량이 너무 높으면 고분자 용액의 방출량이 과도해져 노즐 출구에서 고분자 용액이 뭉치거나 전기방사가 불안정해질 수 있다. 반대로 너무 느리면 나노섬유가 끊어지거나 불규칙한 테일러 콘이 형성될 수 있다. 노즐은 실린지 펌프를 통해 공급하는 고분자 용액이 토출되는 부위로, 주로 금속 재질을 사용한다. 노즐 끝(출구)에서 테일러 콘이 형성된다. 노즐의 직경은 형성된 나노섬유의 직경에 영향을 미치며, 노즐이 오염되거나 용액이 굳으면 방사가 불안정해지므로 노즐의 상태를 주기적으로 확인하고 청소해야 한다.

[그림 1-6] 회전식 드럽형 집전판

집전판은 전기방사로 형성된 나노섬유를 수집하는 금속판 혹은 회전식 드럼(drum)으로 구성된다(그림 1-6). 방사된 나노섬유는 전기장을 따라 집전판으로 이동하여 얇은 필름 혹은 매트 형태로 쌓인다. 집전판의 형태와 움직임에 따라 나노섬유의 배열과 구조 등이 달라질 수 있다. 일반적으로 집전판과 노즐 사이의 거리는 5~20cm를 유지하며, 해당 거리는 나노섬유의 평균 직경 및 나노섬유 필름 혹은 매트 전체의 품질에 영향을 미친다.

전기방사 공정에서 주변 환경도 중요한 변수이다. 특히, 온도와 습도는 고분자 용액의 방사 특성과 나노섬유 형성에 큰 영향을 미친다(그림 1-7). 이를 제어하기 위해 온도 및 습도를 조절할 수 있는 장치를 사용할 수도 있다. 습도가 너무 높으면 용액이 응집되거나 나노섬유 표면에 결함이 발생할 수 있으며, 반대로 너무 낮으면 나노섬유가 불안정하게 형성될 수 있다. 고분자 용액의 점탄성과 용액 내 용매의 휘발 속도가 온도에 민감하게 반응하며, 일반적으로 주위 온도를 유지하는 것이 중요하지만, 특정 용액은 온도를 조절하여 방사 공정을 최적화할 수 있다.

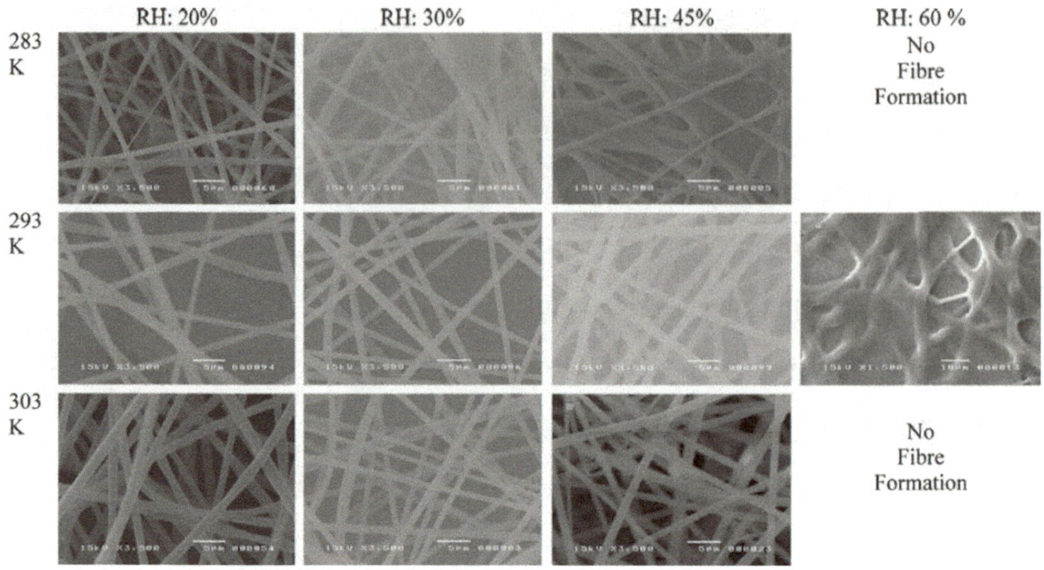

[그림 1-7] Poly(vinylpyrrolidone) (PVP) 10wt% 고분자 용액(용매: 에탄올)의 온도 및 습도에 따른 전기방사 나노섬유 결과

전기방사는 고전압을 다루는 공정이기 때문에 실험 중 안전을 유지하는 것이 매우 중요하다. 고전압 장치는 반드시 절연 처리가 되어 있어야 하며, 실험자는 보호 장비(절연 장갑, 고글 등)를 착용해야 합다. 또한, 전기방사 장치 주변은 항상 깨끗하게 유지하고, 용매 증기나 유해 화학물질로부터 작업자를 보호할 수 있는 적절한 환기 시스템이 갖춰져야 한다.

1.4 고분자 용액의 준비 과정

전기방사 나노섬유를 제조하기 위해서는 고분자 용액을 준비하는 과정이 필수적이다. 고분자 용액을 나노섬유 형태로 전기방사 하기 위해서는 높은 점탄성 및 전기적 반응을 위한 전도성을 지녀야 하므로, 고분자의 종류와 용매의 선택이 중요하다. 실험에서 자주 사용되는 고분자는 폴리아크릴로니트릴(polyacrylonitrile; PAN), 폴리아미드(polyamide; PA), 폴리비닐리덴 플루오라이드(polyvinylidene fluoride; PVDF), 폴리에틸렌 옥사이드(polyethylene oxide, PEO) 등이 있으며, 용매로는 디메틸포르마미드(dimethylformamide; DMF), 에탄올

(ethanol), 물(water) 등이 많이 사용된다.

고분자의 분자량은 나노섬유의 형성과 나노섬유의 기계적 성질에 직접적인 영향을 미친다. 분자량이 너무 낮거나 높으면 고분자 용액의 점탄성이 적절하지 않아 전기방사가 어렵다. 적절한 분자량을 선택해 용액의 유변물성을 조절해야 한다. 그리고, 고분자는 선택된 용매에 쉽게 용해되어야 한다. 고분자가 용매에 용해되지 않으면 균일한 고분자 용액을 얻기 어려우며, 이로 인해 전기방사 과정에서 노즐 막힘 현상이나 불균일한 나노섬유 형성이 발생할 수 있다. 전기방사를 위한 고분자-용매 상호작용은 참고할 수 있는 선행연구 자료가 많으며, 혹은 용해도 파라미터(solvation parameter)로 파악할 수 있다.

전기방사에서 고분자 용액의 전기적 반응성도 매우 중요한 역할을 하므로, 고분자의 전기전도성 및 유전율과 용매의 전기전도성은 중요한 요소이다. 고분자 용액의 전기전도성이 너무 낮으면 안정적인 테일러 콘 형성이 안 되거나, 고분자 용액 내에서 전하가 제대로 이동하지 않아 방사 과정에서 나노섬유가 안정적으로 형성되지 않을 수 있다.

이러한 고분자와 용매의 선택은 실험 목적과 활용 분야에 따라 달라질 수 있으며, 최종 나노섬유의 기계·물리·화학적 특성에 큰 영향을 미친다. 실험 목표와 활용 분야에 맞는 적절한 고분자와 용매를 선택하는 것이 성공적인 전기방사 공정을 위한 핵심이다.

참고문헌

1. A. L. Yarin, B. Pourdeyhimi, S. Ramakrishna, Fundamentals and applications of micro- and nanofibers. Cambridge University Press, Cambridge 2014.
2. S. De Vrieze, T. Van Camp, A. Nelvig, B. Hagstrom, P. Westbroek, K. De Clerk, The effect of temperature and humidity on electrospinning, Journal of Materials Science, 44, 1357, 2009.

제2절
마찰전기 나노발전기

마찰전기가 나노기술에서는 어떤 분야에 응용될까?

2.1. 마찰전기의 기본 개념

마찰전기(triboelectricity)는 서로 다른 두 개의 물질이 접촉한 후에 분리될 때 발생하는 접촉 대전(contact electrification)의한 전기적 현상이다. 두 물질이 분리되는 짧은 순간에 전하가 한 물질에서 다른 물질로 이동하며 각 물질의 표면은 전하의 종류 및 세기가 불균형인 상태가 되는데, 이러한 전기적 현상을 정전기(static electricity)라고 한다. 즉, 마찰을 통해 한 물질은 양전하를 얻고 다른 물질은 음전하를 얻게 되는 정전기 현상이 발생하는데, 이를 마찰전기라고 한다. 마찰전기는 오랜 역사를 지닌 전기적 현상으로 고대 그리스 시대부터 발견되었지만, 현대 과학 기술에서는 이를 활용하여 에너지를 수집하고 변환하는 방법이 활발히 연구되고 있다.

마찰전기의 발생 메커니즘을 명확하게 설명하는 이론은 아직 존재하지 않지만, 일반적으로 두 물질이 접촉하여 전자(또는 이온)가 물질 간에 이동하면서 표면 전하가 생성되는 것으로 알려져 있다. 마찰하는 물질들의 종류 및 이들이 지닌 물리·화학적 성질과 마찰 조건 및 환경 등의 다양한 실험 변수에 따른 마찰전기 발생 메커니즘을 설명하는 연구가 현재 활발히 이루어지고 있다. 메커니즘에 관한 명확한 이론은 아직 밝혀지지 않았지만, 지난 수백 년간의 다양한 실험을 통해 서로 다른 두 개의 물질이 마찰 시에 어떤 물질이 양전하 혹은 음전하를 얻는지를 예측할 수 있는 마찰전기 계열(triboelectric series)이라 불리는 실험 기반의 누적 데이터(cumulative data)가 있다(그림 1-8).

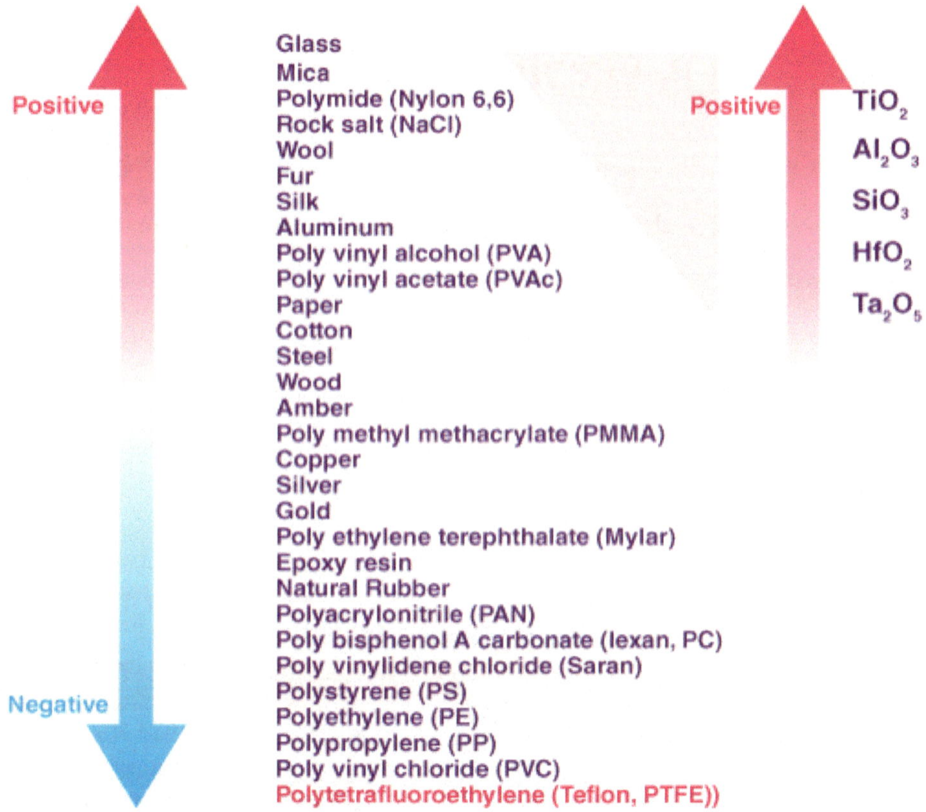

[그림 1-8] 마찰전기 계열 (https://byjus.com/physics/triboelectric-series/)

마찰전기 계열은 다양한 물질을 상대적인 전하 흡수 성질에 따라 나열한 것으로, 이 계열에서의 위치에 따라 어떤 물질이 접촉과 분리 과정에서 양전하 또는 음전하를 띠게 될지를 예측할 수 있다. 마찰전기 계열은 상위에 있는 물질일수록 전자를 잃기 쉬워 양전하를 띠고, 하위에 있는 물질일수록 전자를 얻기 쉬워 음전하를 띠는 경향이 있다. 예를 들어, 유리, 모피, 나일론 등은 상위에 위치하여 양전하를 띠기 쉽고, 실리콘, 테플론 등은 하위에 있어 음전하를 얻기 쉽다.

마찰전기 효과는 일상생활에서도 흔히 접할 수 있는 현상이다. 예를 들어, 플라스틱 막대를 천으로 문지르면 정전기가 발생하여 종잇조각이 막대에 달라붙는 현상도 마찰전기의 한 예이다. 또한, 건조한 겨울철에 옷을 입고 벗을 때, 문고리를 만질 때 발생하는 정전기도 마찰전기의 결과이다.

2.2. 마찰전기 나노발전기의 작동 원리

마찰전기 나노발전기(triboelectric nanogenerator; TENG)는 접촉과 분리로 발생하는 마찰전기와 이 과정에서 유도되는 정전기 유도(electrostatic induction) 현상을 이용해 기계적 에너지를 전기 에너지로 변환하는 신재생 에너지 장치이다. 정전기 유도 현상은 대전된 물체가 근처의 다른 물체에 전하를 유도하여 전하의 불균형을 발생시키는 현상을 의미한다. 즉, 대전된 물체가 가까이 다가오면 주변의 물체에서도 전하가 재배치되어 한쪽에 전하가 집중되는 현상이 발생하는데, TENG에서는 마찰전기와 정전기 유도 현상을 결합해 외부 회로에 전류를 발생시키는 방식으로 전기 에너지를 생성한다(표 1-1).

[표 1-1] 마찰전기와 정전기 유도의 차이점

특성	마찰전기	정전기 유도 현상
발생 원리	두 물질이 접촉한 후 분리될 때, 전자(혹은 이온)가 이동하면서 전하가 한 물질에서 다른 물질로 이동하여 발생하는 현상	대전된 물체가 중성인 물체에 가까이 다가갔을 때, 중성 물체 내부의 전하들이 재배치되면서 전하가 이동하여 반대 부호의 전하가 유도되는 현상
전하 이동 방식	두 물질이 접촉할 때 한 물질은 전자를 잃고 양전하를 띠며, 다른 물질은 전자를 얻어 음전하를 띰. 전하 이동은 물질 표면에 직접적인 전하 축적을 발생시킴.	대전된 물체가 인접한 중성 물체의 전자를 밀거나 당겨 재배치시키지만, 전자가 실제로 이동하지는 않음. 대신 물체 내에서 전하가 재배치되어 부분적으로 양전하와 음전하 영역이 형성됨.
접촉 필요성	두 물질이 서로 물리적으로 접촉한 후 분리될 때 발생하며, 전하 축적이 물질 표면에서 이루어짐. 이 과정에서 두 물질 간의 전하 불균형이 생겨 전위 차이가 발생함.	물리적인 접촉 없이도 전하 유도가 발생하며, 대전된 물체가 중성 물체 근처에 있을 때 유도 현상이 나타남. 물체 간 접촉이 없는 상태에서도 전하 이동을 일으켜 전기 흐름을 유도할 수 있음.
TENG 주요역할	마찰전기 효과로 인해 두 물질이 접촉-분리될 때 전하가 축적되며, 이 전하 불균형이 TENG의 전압을 형성하는 데 중요한 역할을 함.	마찰전기로 발생한 전하가 정전기 유도 현상을 통해 전기 회로 내에서 전류를 흐르게 함.

즉, TENG은 물리적 접촉이 이루어지는 두 물질이 서로 다른 종류의 전하를 띠고, 이후 분리됨에 따라 마찰전기에 의한 전위 차이가 발생한다. 이 과정에서 정전기 유도 때문에 외부 회로에 전기 흐름이 생기며, 이를 통해 기계적 에너지를 전기로 변환하게 되는 원리이다(그림 1-9).

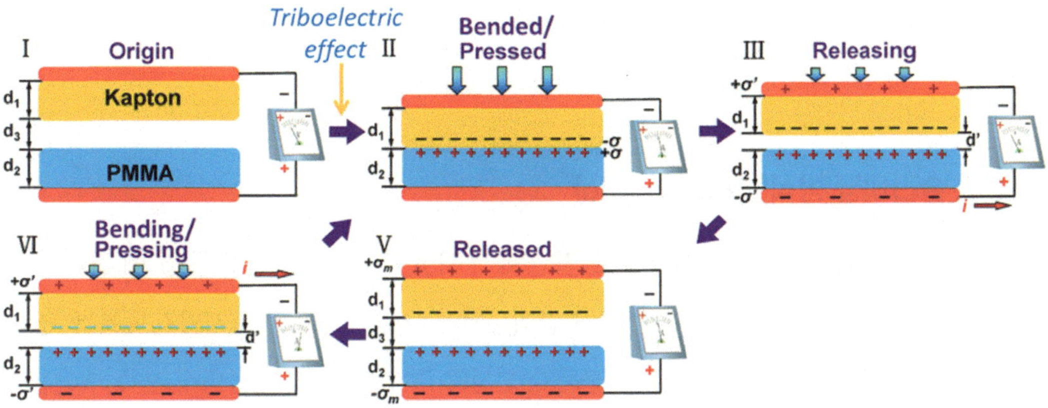

[그림 1-9] TENG 작동 메커니즘 (https://en.wikipedia.org/wiki/Nanogenerator)

TENG은 일상에서 발생하는 다양한 형태의 기계적 운동(진동, 접촉, 마찰 등)을 이용해 전력을 생성할 수 있다. 예를 들어, 신체의 움직임, 차량의 진동, 바람이나 파도의 운동 에너지를 수집하여 자가발전 센서나 웨어러블 기기에 전력을 공급할 수 있다. 이러한 특성 덕분에 TENG은 차세대 에너지 하베스팅 기술로서 지속 가능한 자가발전 시스템 개발에 적합하며, 특히 외부 전력 공급이 어려운 환경에서 널리 활용될 수 있다.

TENG은 접촉-분리(contact-separation) 메커니즘, 슬라이딩(sliding) 메커니즘, 회전(rotational) 메커니즘 등 여러 방식으로 설계될 수 있으며, 각 메커니즘은 서로 다른 기계적 운동을 이용해 전기 에너지를 발생시킨다.

2.2.1. 접촉-분리 방식(contact-separation mode)

접촉-분리 방식은 TENG에서 가장 기본적인 작동 방법이다. 두 가지 다른 물질로 이루어진 층(예: 필름, 매트 등)이 서로 접촉하고 분리되는 동안 마찰전기 및 정전기 유도 효과가 발생하여 전기적 에너지가 생성된다. 접촉 시, 두 층 사이에서 전하가 이동하며 전하 불균형이 발생한다. 이후 두 층이 분리될 때 각 층에 남아 있는 전하에 의해 전위 차이가 형성되고, 이를 통해 전기 흐름이 발생한다.

이 방식에서 생성된 전하의 양과 전위 차는 두 물질의 표면 특성, 접촉 면적, 분리 속도 등 여러 변수에 따라 달라진다. 예를 들어, 접촉 면적이 클수록, 분리 속도가 빠를수록 더 많은 전하가 이동하게 되어 출력 전압이 증가한다.

2.2.2. 슬라이딩 방식(sliding mode)

슬라이딩 방식은 두 층이 수직이 아닌 평면 상에서 서로 미끄러지는 운동을 할 때 전하가 이동하는 방식이다. 슬라이딩 동작은 두 물질 간의 접촉면을 동적으로 변화시키기 때문에, 접촉 면적이 매우 크게 변할 수 있어 더 많은 전하가 생성될 수 있다. 슬라이딩 방식은 특히 마찰력이 높은 재료를 사용할 때 효율이 높으며, 일정한 운동이 반복될 때 지속적으로 에너지를 생성할 수 있다.

슬라이딩 방식의 TENG은 접촉-분리 방식보다 더욱 부드러운 동작을 제공하며, 접촉과 분리 과정에서 발생할 수 있는 수직방향의 물리적 마모를 줄일 수 있는 장점이 있다.

2.2.3. 회전 방식(rotational mode)

회전 방식의 TENG은 회전 운동을 기반으로 에너지를 생성하는 방식이다. 이 방식은 회전축을 따라 두 물질이 지속적으로 접촉하고 분리되면서 전하 이동이 발생한다. 회전형 TENG 바람, 물 흐름, 자전거 또는 터빈과 같은 회전 운동을 활용하여 지속적으로 기계적 에너지를 수집할 수 있다. 이러한 회전 운동의 특성상 연속적인 전기 생산이 가능하며, 풍력 및 수력 에너지 하베스팅에 매우 적합한 방식이다.

2.2.4 기울임 방식(tilted mode)

기울임 방식은 기울어진 구조를 통해 접촉 면적을 변화시키는 방식이다. 두 층이 기울어진 구조를 따라 접촉면이 변화하면 전하가 발생하며, 그 후 층이 원래 위치로 돌아오면 전하가 이동하여 전류를 생성하게 된다. 이 방식은 반복적인 진동이나 작은 움직임을 통해 에너지를 수집하는 데 유리하다.

2.3. 마찰전기와 고분자 나노섬유 간의 관계

전기방사를 통한 고분자 나노섬유는 TENG의 성능을 극대화하는 데 중요한 역할을 할 수 있다. 나노섬유는 높은 표면적 대 부피비를 가지며, 이로 인해 표면 전하 발생을 극대화할 수 있기 때문이다. 또한 고분자 나노섬유의 높은 유연성과 우수한 기계적 강도를 기반으로 다양한 형태의 TENG 구조 제작에 응용될 수 있다.

실제로, 최근 국내외 많은 연구를 통해 나노섬유가 TENG에서 중요한 전하 발생 소재로 사용될 수 있을 뿐만 아니라, 나노섬유의 직경, 나노섬유 내 고분자 구조 배열, 나노섬유 표면 특성 등에 따라 전하 밀도와 출력 효율을 크게 향상할 수 있음이 확인되었다. 예를 들어, PVDF(polyvinylidene fluoride)와 같은 고분자는 높은 유전율을 가지고 있어 마찰전기 효과를 증폭시킬 수 있으며, 이를 나노섬유 형태로 제작하면 표면적이 증가하여 더 많은 전하를 생성할 수 있다(그림 1-10).

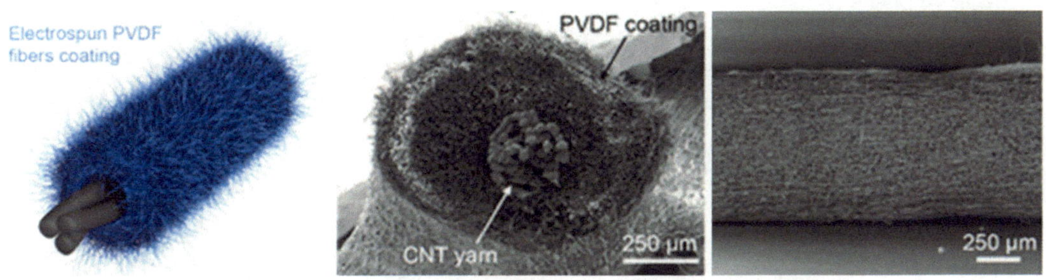

[그림 1-10] 전기방사 PVDF 나노섬유 및 CNT를 이용한 섬유형

나노섬유의 표면 구조를 조절함으로써 마찰 면적을 극대화할 수 있다. 표면이 거친 나노섬유는 마찰전기 발생 시 더 많은 접촉 기회를 제공하므로 TENG의 출력을 증가할 수 있으며,

이는 특히 TENG의 효율성을 높이는 데 매우 중요한 요소이다(그림 1-10). 또한, 나노섬유의 정렬 구조를 조절함으로써 TENG의 구조를 더욱 정밀하게 제어할 수 있다. 정렬된 구조의 나노섬유 매트(혹은 필름)은 접촉 시 더 균일한 전하 분포를 제공하며, 이를 통해 안정적인 출력 특성을 얻을 수 있다.

2.4. 마찰전기 나노발전기의 응용 가능성

TENG은 다양한 응용 가능성을 가지고 있으며, 특히 에너지 하베스팅 분야에서 그 잠재력이 높다. 다음은 TENG의 주요 응용 분야이다.

2.4.1. 웨어러블 디바이스

웨어러블 기기에서 TENG은 신체 움직임을 통해 에너지를 수집할 수 있다. 예를 들어, 신체의 걷기, 달리기, 팔 흔들기와 같은 운동을 통해 TENG이 지속적으로 전기를 생성하여 웨어러블 센서나 스마트워치 등에 전력을 공급할 수 있다(그림 1-11). TENG은 가볍고 유연하게 제작할 수 있어 옷, 신발, 액세서리 등에 통합하여 전력을 자가발전하는 디바이스로 활용될 수 있다.

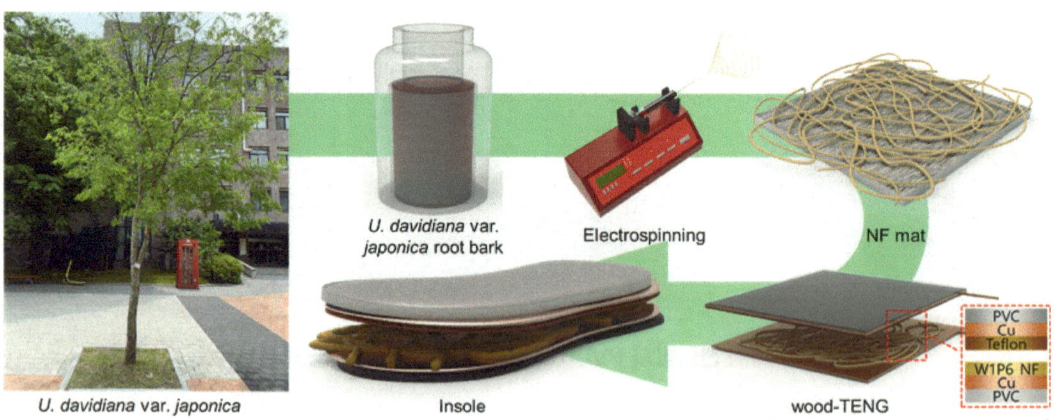

[그림 1-11] 나무에서 추출한 친환경 천연물질을 전기방사 나노섬유로 제작하고 이를 이용한 신발 깔창 형태의 TENG 소재 개발

2.4.2. 자가발전 센서 네트워크

TENG은 소형 센서 시스템에 자가발전 전원을 공급하는 데 매우 적합하다. 예를 들어, IoT(Internet of Things) 네트워크에서 사용되는 무선 센서는 외부 전력 공급이 어려운 경우가 많은데, 이때 TENG이 자가발전 원천으로 작용하여 센서 시스템에 전원을 공급할 수 있다. 작은 움직임, 진동, 온도 변화 등을 감지하고 이를 전기 에너지로 변환해 센서가 작동할 수 있게 한다.

2.4.3. 환경 에너지 하베스팅

TENG은 풍력, 파도, 비와 같은 자연에서 발생하는 환경 에너지를 수집하는 데 매우 유용하다. 예를 들어, 해안에서 파도의 기계적 에너지를 수집하여 전기로 변환할 수 있으며, 이를 통해 해양 부표나 모니터링 장비에 전력을 공급할 수 있다. 또한, 바람의 힘을 활용하여 풍력 터빈 대신 소형 TENG 장치로 에너지를 하베스팅하는 연구도 진행 중이다. 이러한 환경 에너지 하베스팅은 지속 가능하고 깨끗한 에너지원으로 큰 잠재력을 가지고 있다.

2.4.4. 의료 분야

TENG은 신체 내부나 외부에서 발생하는 기계적 에너지를 활용하여 자가발전형 의료 기기로 활용될 수 있습니다(그림 1-12). 예를 들어, 인체의 미세한 움직임(심장 박동, 호흡 등)을 통해 에너지를 수집하여 심박 센서, 인공 장기, 약물 전달 장치 등에 전력을 공급할 수 있다. 특히 TENG은 신축성과 유연성을 가지므로 인체에 부착하거나 이식된 상태에서 지속적인 에너지 수집이 가능하다.

2.4.5. 스마트 도시 및 인프라

TENG은 스마트 도시 구축에서 중요한 역할을 할 수 있다. 예를 들어, 도로나 다리에서 발생하는 차량의 진동을 에너지로 변환해 거리 조명, 교통 신호 등의 전력을 자가발전할 수 있는 시스템으로 활용될 수 있다. 또한, 건물 외벽에서 발생하는 바람이나 진동을 수집하여 건

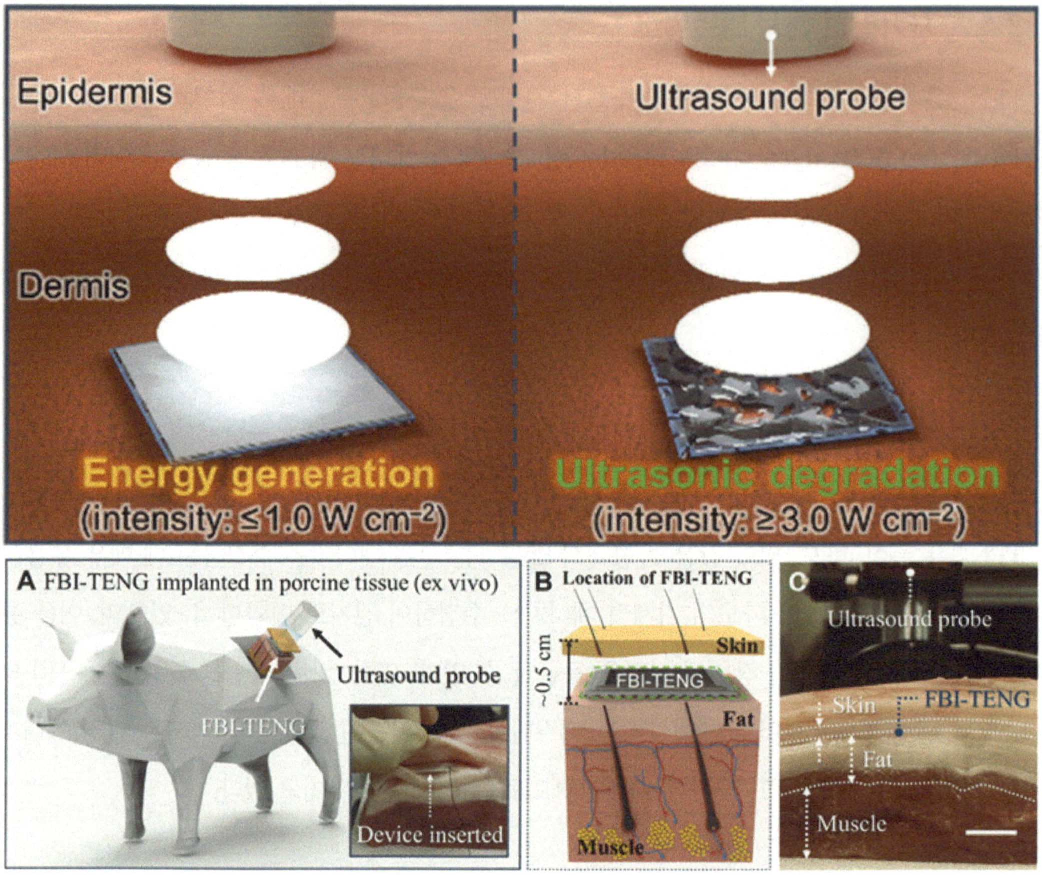

[그림 1-12] (위) 피부 삽입형 TENG 및 (아래) 동물 피부 이식 모습

물 내 전기 시스템에 전력을 공급하는 것도 가능하다.

참고문헌

1. T. Busolo, P. K. Szewczyk, M. Nair, U. Stachewicz, S. Kar-Narayan, Triboelectric yarns with electrospun functional polymer coatings for highly durable and washable smart textile applications, ACS Applied Materials & Interfaces, 13, 16876, 2021.
2. D. Park, J. H. Hong, D. Choi, D. Kim, W. H. Jung, S. S. Yoon, K. H. Kim, S. An, Biocompatible and mechanically-reinforced tribopositive nanofiber mat for wearable and

antifungal human kinetic-energy harvester based on wood-derived natural product, Nano Energy, 96, 107091, 2022.

3. D. M. Lee, N. Rubab, I. Hyun, W. Kang, Y. J. Kim, M. Kang, B. O. Choi, S. W. Kim, Ultrasound-mediated triboelectric nanogenerator for powering on-demand transient electronics, Science Advances, 8, eabl8423, 2022.

제3절
전기방사 기술을 이용한 마찰전기 나노발전기 제작

나노스케일에서 마찰전기는 전기방사 기술로 어떻게 활용이 될 수 있나?

이 장에서는 전기방사(electrospinning) 기술을 활용해 고분자 나노섬유(nanofiber)로 이루어진 마찰전기 나노발전기(triboelectric nanogenerator; TENG)를 제작하는 실습 과정을 설명한다. 이 과정은 기본적인 전기방사 장비의 구성과 조작법을 다루고, 실제로 TENG을 제작하고 성능을 평가하는 실습을 포함한다. 이를 통해 학생들은 TENG의 제작과 성능 분석에 필요한 핵심 기술을 습득하게 된다.

3.1. 실험 준비물 및 장비 소개

전기방사 기술을 이용한 TENG 제작 실험에 필요한 주요 준비물과 장비는 다음과 같다.

3.1.1. 고분자 용액(그림 1-13)

○ 전기방사 실험에 사용할 고분자(PVDF, PAN, PLA, PVP, PEO 등)를 선택하고, 이를 용

매(DMF, 증류수, 에탄올, 아세톤 등)에 녹여 준비한다. 이때 사용하는 고분자의 종류에 따라 용해가 가능한 적절한 용매를 선택한다. 고분자 용액의 종류, 농도, 점도, 전기전도성은 나노섬유의 직경과 균일성 및 물리·화학적 특성과 기능성 등에 중요한 영향을 미친다. 이를 고려하여, 안정적인 전기방사가 가능할 뿐만아니라, 나노섬유를 활용할 응용 분야에 적절한 고분자 용액의 종류와 물성을 결정한다.

[그림 1-13] 전기방사용 고분자 용액

3.1.2. 전기방사 장치(그림 1-14)

○ **고전압 공급기:** 고전압을 공급하여 고분자 용액을 방사하는 전기적 힘을 제공한다. 일반적으로 10~30kV의 전압을 인가한다.

○ **실린지 펌프:** 고분자 용액의 공급 유량을 일정하게 유지하여 안정적인 테일러 콘(Taylor cone) 및 나노섬유 형성을 유도한다. 일반적으로 공급 유량은 100~1000 μL/h 범위로 조절

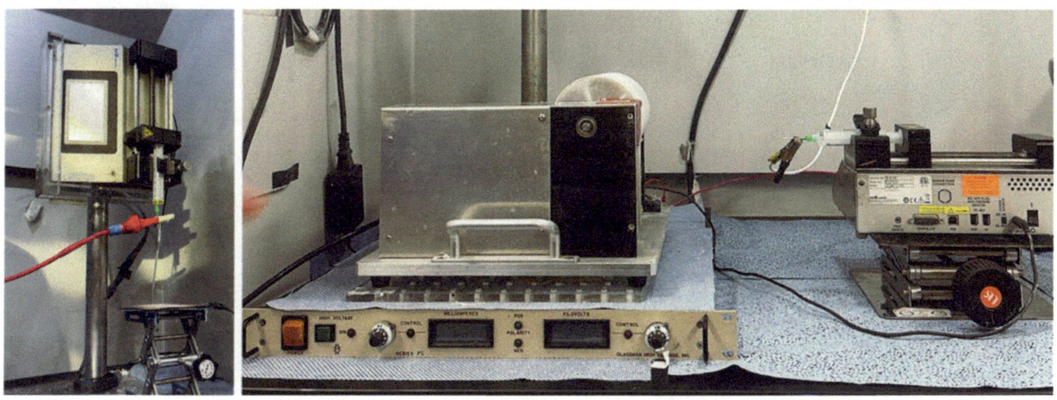

[그림 1-14] 전기방사 장치 사진: (좌) 일반 집전판 (우) 회전식 드럼형 집전판

한다.

○ **노즐:** 고분자 용액이 방출되는 부분으로, 노즐 끝 단에서 용액이 테일러 콘을 형성하며 나노섬유 형태로 방사된다. 노즐의 직경과 소재가 나노섬유 형성에 영향을 준다.

○ **집전판:** 전기방사된 나노섬유가 모이는 부분으로, 일반적으로 평판형 집전판을 사용하지만, 회전 드럼(drum)형 집전판을 사용하여 섬유 배열을 조절할 수 있다.

3.1.3. TENG 제작 및 측정(그림 1-15)

○ **TENG 전극:** TENG에서 전하를 수집하고 전기 흐름을 유도하기 위해 알루미늄 호일이나 구리판 등의 전도성 소재를 사용한다. 전극에 고분자 용액을 직접 전기방사하여, 나노섬유층-전극 구조의 일체형 TENG 소재로 사용 가능하다.

○ **태핑(tapping) 장비:** 접촉-분리 방식(contact-separation mode)에 의해 TENG 내에서 마찰 전기를 발생하는 장치이다. 일정한 힘, 주기, 속도로 TENG에 물리적 충격을 가하는 방법으로 TENG에 기계적 에너지를 공급한다.

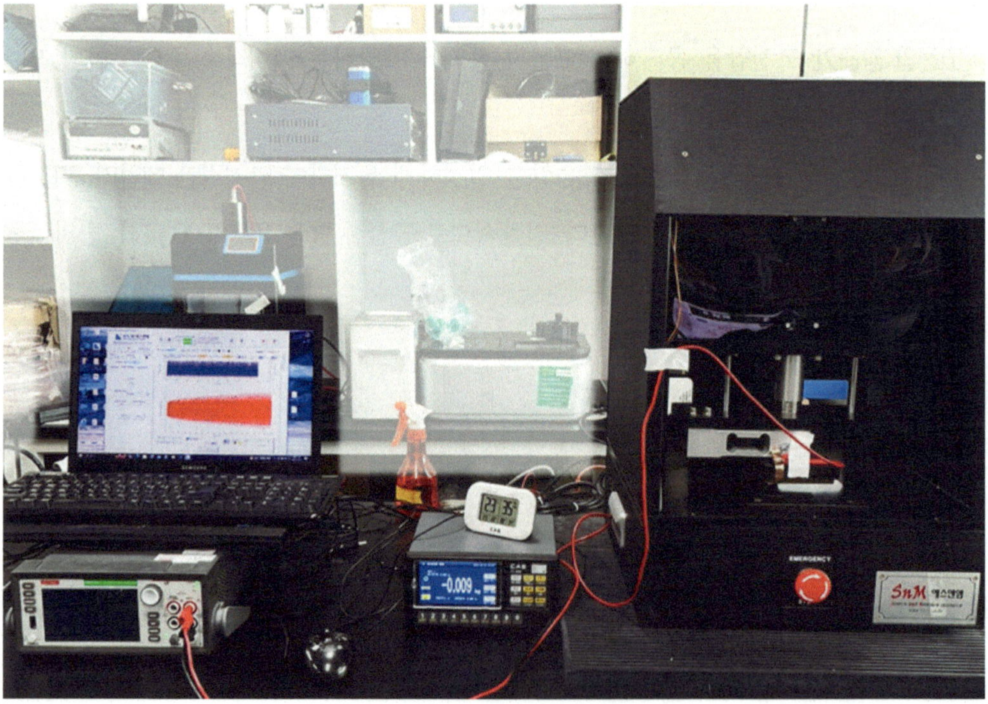

[그림 1-15] 태핑 머신 사진

○ **출력 전압 및 전류 측정 장비:** TENG의 성능 평가를 위해 멀티미터, 오실로스코프 등이 필요하며, 이 장비들을 통해 출력 전압, 전류, 전력 밀도 등을 측정할 수 있다.

3.2. 고분자 나노섬유 전기방사 과정 실습

3.2.1. 고분자 용액 준비(그림 1-13)

○ 고분자를 적절한 농도로 용해하여 전기방사 용액을 만든다. 예를 들어, PVDF를 10 wt%로 DMF에 용해하고 자석 교반기로 하루 정도 균일하게 혼합하여, 전기방사 용액을 준비한다.

3.2.2. 전기방사 장비 설정(그림 1-14)

○ 고전압 공급기, 실림지 펌프, 실린지, 노즐, 집전판을 설치한다.

○ 예를 들어, 노즐과 집전판 사이의 거리는 15 cm 정도로 설정하고, 유량을 500 μL/h, 전압을 20 kV로 설정하여 방사 조건을 조정한다.

3.2.3. 전기방사 과정 수행

○ 실린지 펌프를 작동시켜 고분자 용액이 노즐을 통해 방출되도록 한다.

○ 고전압 공급기를 작동하여 전기장이 인가되면, 노즐 끝 단에 테일러 콘이 형성되고, 용액이 나노섬유 형태로 방사되어 집전판에 수집된다.

○ 이 과정에서 전압, 유량, 방사 거리 등의 변수를 조정하여 최적의 나노섬유 직경과 배열 등을 갖출 수 있는 전기방사 조건을 탐색하고 확립한다.

3.2.4. 나노섬유 형성 관찰(그림 1-16)

○ 전기방사된 나노섬유는 주사전자현미경(scanning electron microscope; SEM)으로 나노

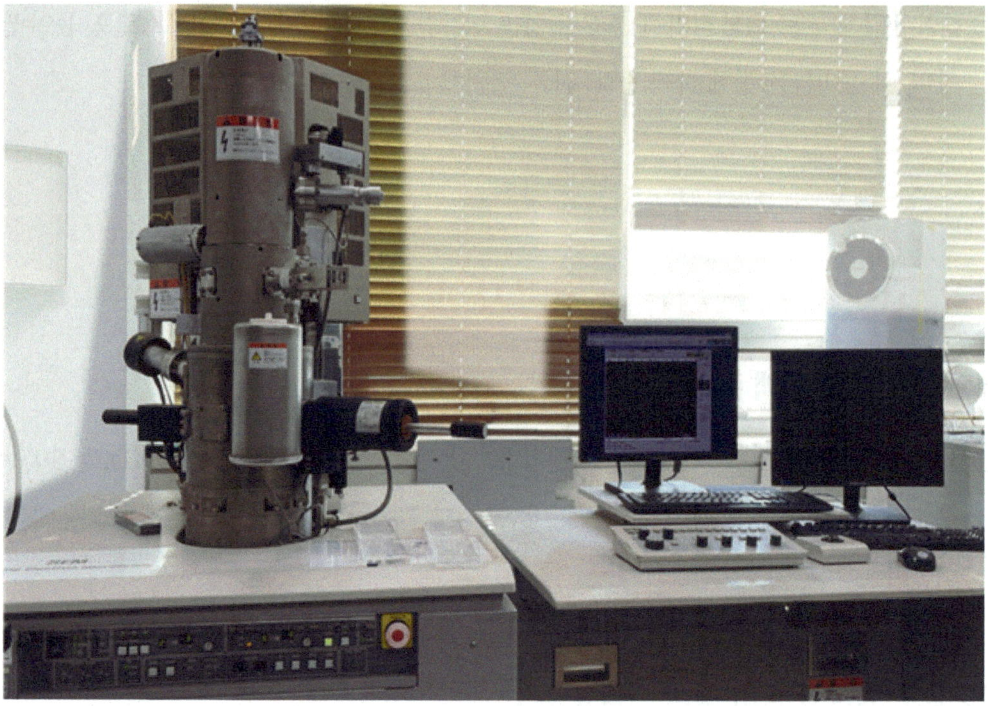

[그림 1-16] 전자현미경 사진

섬유의 직경과 표면 특성을 분석하여, 해당 실험 조건이 나노섬유 형성에 미치는 영향을 파악한다.

3.3 마찰전기 나노발전기 제작 실습

3.3.1. 전극 준비 및 나노섬유 배치

○ 전도성 소재로 된 전극(알루미늄 호일 또는 구리판)을 준비하여 나노섬유 층을 전극 표면에 배치한다. 전극 표면에 직접 전기방사하여 나노섬유 층을 배치하는 방법이 효율적이다.

○ 해당 나노섬유와 상반되는 마찰전기 계열을 지닌 소재로 반대 전극을 구성한다. 예를 들어, nylon 나노섬유를 제작했다면, 상대적으로 음전하를 띠는 PTFE 소재를 이용하여 반대 전극 소재를 구성한다.

3.3.2. 접촉-분리 방식 설정

○ TENG의 두 층이 접촉하고 분리되는 구조로 TENG을 조립한다. 루프(loop)형태의 TENG을 제작하면 마찰전기 효과와 정전기 유도를 최대화하고, 안정적으로 반복 운동을 유도할 수 있다.

3.3.3. TENG 구조 완성 및 테스트 준비

○ 모든 구성 요소를 고정하고, 두 층이 일정한 힘, 주기, 속도, 거리로 접촉-분리 운동을 반복할 수 있도록 설정한다. 이때 구조가 충분히 안정적이어야 하며, 나노섬유의 급격한 마모를 줄이기 위해 접촉 면적과 압력을 적절히 조절한다.

3.4. 제작된 나노발전기의 성능 평가 및 분석 방법

3.4.1. 출력 전압 및 전류 측정

○ 제작된 TENG에서 발생하는 출력 전압과 전류를 오실로스코프와 멀티미터로 측정한다.

○ 접촉-분리 운동을 반복하며 출력 전압의 피크(peak) 값과 평균 전압(혹은 전류) 값을 기록한다. 이때 전압과 전류의 파형을 관찰하여, 출력 성능의 일관성을 평가할 수 있다.

3.4.2. 출력 전력 계산

○ TENG의 출력 성능을 정량화하기 위해 다양한 부하 저항에서 전압과 전류를 측정하여 전력을 계산한다. 이를 통해 최적의 부하 조건을 파악할 수 있다.

3.4.3. 효율 분석

○ 태핑에 의한 접촉-분리 운동 에너지와 수집된 전력 데이터를 기반으로, TENG의 기계-전기 에너지 변환 효율을 평가한다. 접촉-분리 운동 조건, 나노섬유 특성, 전극 재료 등의 변수에 따라 효율이 달라질 수 있으므로, 최적화 방안을 모색한다.

3.4.4. 데이터 시각화

○ 출력 전압, 전류, 전력(혹은 전력 밀도)의 데이터를 그래프로 시각화하여, TENG의 성능을 한눈에 파악할 수 있도록 한다. 예를 들어, 태핑 조건 및 부하 저항에 따른 출력 전압, 전류 및 전력 변화를 그래프로 표시하여 최적의 출력 조건을 확인한다.

3.4.5. 개선 방안 도출

○ 실험 결과에 따라 TENG의 성능을 개선할 수 있는 방법을 제시한다. 예를 들어, 접촉 면적 증가, 나노섬유 종류 및 배열 등의 최적화 방안, 또는 재료 조합의 변경 등을 통해 출력 효율을 높일 수 있는 방법을 제시한다.

제2장

나노 공정 실험

들어가는 말

나노 공정은 나노 소자 구현을 위한 핵심 단계로, 나노 소재를 원하는 기판 위에 구현하거나, 구현된 나노스케일 박막을 미세하게 패터닝 하는 것으로 이루어진다.

제1절 포토리쏘그래피 공정

나노 미터 크기의 정교한 패턴을 어떻게 만들까?

1.1. 실험 배경

1.1.1. 실리콘 웨이퍼

실리콘 웨이퍼(silicon wafer)는 반도체 소자 제작 공정의 시작과 끝이라 불리우는 핵심 소재이다. 전자소자를 만들기 위한 핵심적인 재료인 동시에 소자를 이루는 박막 소재들을 켜켜이 쌓아올릴 기판 또는 기재로서 활용된다. 500마이크론 내외의 두께에 0.7인치부터 8인치까지 다양한 직경을 갖는 넙적한 원판 모양을 이루고 있다.

(1) 실리콘 웨이퍼 제작

재료의 물성은 재료의 형상과 깊은 연관성이 있으며 보다 높은 물성을 얻기 위해 원자의 정렬도가 극대화된 단결정(single crystal)으로 만들어 사용하는 것이 선호된다. 초크랄스키(Czochralski) 법은 단결정 실리콘 웨이퍼를 얻기 위해 사용되는 대표적인 방법이다. 이 공정은 실리콘 결정 성장의 제어를 통해 고순도의 단결정 실리콘 잉곳(ingot)을 제조하게 된다. 자세한 방법은 다음과 같다.

① **[Melting]** 고순도 poly crystalline silicon을 석영 도가니(quartz crucible) 안에 넣고 1425 ℃의 온도로 가열하여 melted Si을 만든다.

② **[Seeding]** 특정 결정방향을 가지고 있는 seed crystal을 melted Si에 천천히 침지시킨다. 이때 melted Si이 응고되기 시작하면서 seed crystal의 결정구조를 따라 실리콘 원자가 배열하여 결합하게 된다.

③ **[Pulling]** Seed crystal이 연결된 seed holder와 quartz crucible 아래 부분을 반대 방향으로 천천히 등속 회전시키며 위로 당겨 올린다. 실리콘 웨이퍼의 크기는 이 과정에서 seed holder를 올리는 속도, 회전속도로 결정된다.

④ **[Doping]** 도핑이 필요한 경우 직전 과정에서 이루어진다. 실리콘 원료가 녹아있는 crucible 내에 미량의 dopant (p형: Boron, Gallium/ n형: Phosphorous, Arsenic)를 첨가한다. dopant는 실리콘 결정 내로 확산하면서 ingot의 성장이 진행됨에 따라 Si 결정구조에 균일하게 배치된다. dopant 첨가량과 ingot의 성장 속도를 정밀하게 제어하여 의도한 도핑 농도를 제어하는 과정이 매우 중요하다. 또한 crucible과 melted Si 사이의 불순물 침투를 최소화하기 위해 매우 청정한 환경에서 진행된다.

⑤ **[Cutting & Polishing]** 일정한 직경으로 성장한 Si ingot을 천천히 냉각하여 내구성을 유지한 뒤, 다이아몬드 와이어를 사용해 얇은 웨이퍼 형태로 절단한다. 이후 화학적 폴리싱(polishing)과 같은 후처리 공정을 거쳐 표면을 평탄화하고 불순물을 제거하여 반도체 공정에서 사용될 웨이퍼를 제작한다.

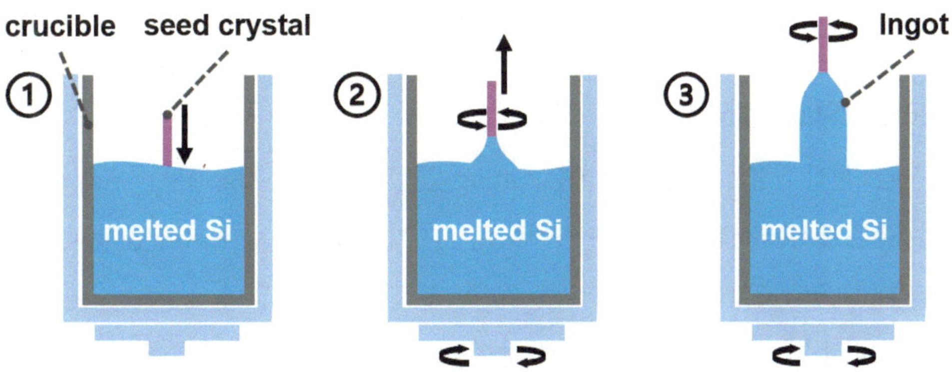

[그림 2-1] Czochralski Method 모식도

(2) 실리콘 웨이퍼의 산화막 형성 공정

실리콘 웨이퍼의 산화막(oxide layer) 형성 공정은 실리콘 표면을 보호하고 전기적 절연층을 형성하기 위해 매우 중요한 단계이다. 산화막은 실리콘을 산화시켜 비정질의 이산화규소(silicon dioxide, SiO_2) 층을 얻는 과정이다. 산화막 형성 공정에는 열산화법(thermal oxidation), 플라즈마 보강 화학기상 증착법(PECVD; Plasma-enhanced Chemical Vapor Deposition), 전기화학적 양극처리(Anodization) 등이 있다. 보편적으로 800~1200°C의 고온에서 얇고 균일한 산화막을 형성시킬 수 있는 열산화법을 많이 사용한다. 고순도 실리콘 웨이퍼를 가열된 산소 또는 수증기 분위기 속에 노출시키면 산소 분자나 수증기가 실리콘 표면과 반응하여 이산화규소 층이 형성되며 사용되는 기체에 따라 건식 산화(dry oxidation)와 습식 산화(wet oxidation)로 구분된다. 건식 산화 방식은 순수한 산소만을 이용하기 때문에 성장 속도가 느려 얇은 막을 형성할 때 쓰이며 전기적 특성이 좋은 산화물을 만들 수 있다. 습식 산화는 산소와 함께 용해도가 큰 수증기를 같이 사용하기 때문에 산화막 성장 속도가 상대적으로 빠르고 보다 두꺼운 막을 형성할 수 있지만 산화층의 밀도가 낮다는 특징이 있다.

[그림 2-2] 실리콘 산화막 습식 형성

(3) 실리콘 웨이퍼의 결정성

실리콘 웨이퍼의 결정 방향에 따른 커팅(cutting)은 반도체 소자 제작에서 매우 중요한 요소이다. 실리콘은 일정한 결정 구조를 가진 재료로, 원자가 배열된 방향에 따라 물리/화학적 특성이 달라진다. (100)과 (111) 결정면은 실리콘 웨이퍼 제조에서 가장 많이 사용되는 두 가지 주요 결정 방향이며 각각의 결정면에 맞춰 정확하게 절단하지 않으면 파손되거나 소자의 신뢰성 등에 큰 영향을 미칠 수 있다.

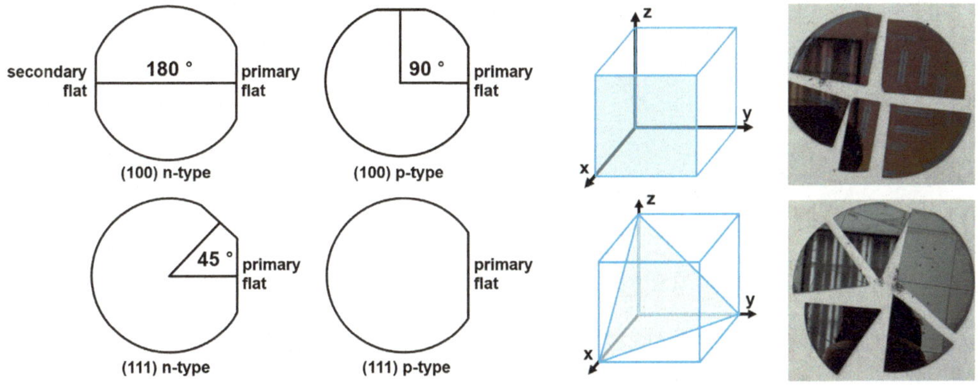

[그림 2-3] Silicon crystal orientation and cleavage directions

○ **(100)면:** Complementary Metal-Oxide-Semiconductor(CMOS) 공정에서 가장 많이 사용되는 면이다. (100)면은 실리콘의 원자가 평면적으로 배열되어 있어서 식각 공정시 가장 균일한 식각율을 보인다. 또한 전자의 이동을 방해하거나 의도치 않은 전기적 특성을 유발하는 표면 결함(Dangling Bonds) 밀도가 상대적으로 적어 전기적 특성이 안정적이며 산화막을 형성할 때 계면 결함 발생 가능성도 적어 전하 트래핑(Charge Trapping) 현상을 줄여 우수한 품질의 절연층을 형성할 수 있다.

○ **(111)면:** (111)면은 (100)면보다 원자 밀도가 높고 기계적 강도가 뛰어나다. 고온/고압/고전류/높은 물리적 스트레스가 가해지는 소자, 특히 고전압 디바이스나 파워 트랜지스터에서는 강한 내구성이 필요하기 때문에 강한 기계적 특성과 정밀한 구조 형성 능력을 가지고 있는 (111) 웨이퍼가 주로 사용된다. 이방성 식각(Anisotropic Etching) 공정에서 (111) 웨이퍼는 방사형 패턴이 형성되기 때문에 복잡한 3차원 구조의 소자를 정밀하게 제작하는 것에 유리하다.

1.1.2. 포토리쏘그래피(Photo-lithography)

포토리쏘그래피는 소자의 미세 패턴을 형성하는 핵심 반도체 제조 공정 기술이다. 특정 파장의 빛을 이용해 감광제(photoresist, PR) 위에 회로패턴을 전사하는 원리를 이용한다. 리쏘그래피에서 사용되는 광원은 반도체 소자의 미세화와 함께 변화해왔다. 주로 자외선(UV) 영역대의 빛을 이용하며, 각각의 광원은 파장에 따라 i-line, DUV, KrF, ArF, EUV 등으로 구분된다. 각 광원은 해상도와 공정 비용에 영향을 미치며 공정에 따라 적합한 광원이 선택된다.

(1) 노광 공정 주요 광원

○ **i-line(365nm):** i-line은 자외선 리쏘그래피에서 사용되는 365nm의 파장을 갖는 광원이다. 1990년대까지 반도체 산업에서 주로 사용되었으며 비교적 긴 파장에 의한 낮은 해상도를 제공하지만 여전히 일부 대학 연구소 및 실험 공정에서 사용되고있다. 주로 수 마이크로미터 스케일의 패턴을 형성할 때 적합하다.

○ **KrF(248nm):** Krypton Fluoride(KrF) 엑시머 레이저는 248nm 파장의 자외선을 방출하며 수백 나노미터 스케일의 해상도를 구현할 수 있다. KrF는 심자외선(Deep Ultra-Violet, DUV) 공정에 속하며, 1990년대 후반부터 오늘날까지 미세회로 구현에 사용되고 있다.

○ **ArF(193nm):** Argon Fluoride(ArF) 엑시머 레이저는 193nm 파장을 제공하며 100nm 이하의 미세 패턴 형성에 적합하다. ArF는 리쏘그래피 공정의 해상도를 획기적으로 높인 광원으로 현재까지도 많은 산업용 반도체 공정에서 사용되고 있다.

○ **EUV(13.5nm):** 극자외선(Extreme UV, EUV)는 13.5nm의 매우 짧은 파장대 빛을 사용하여 수 나노미터 이하의 패턴을 형성할 수 있다. 차세대 리쏘그래피 기술로써 수~수십 나노미터 수준의 초미세 패턴을 구현하는 데 매우 효과적이다. 하지만 초기 도입 및 유지 비용이 매우 높으며 고도의 정밀 광학 및 진공 시스템이 필요하다. 현재 5nm 이하의 초미세 공정에서 주로 사용되고 있다.

(2) Photoresist의 성분과 메커니즘

Photoresist(PR)는 반도체 제조에서 중요한 역할을 하는 감광성 물질로, 크게 수지(resin), 감광제(photosensitive compound), 용매(solvent)로 구성된다. 수지는 노광 시 패턴을 형성할 수 있도록 물질의 기계적 강도와 화학적 내성을 제공하여 노광 및 현상(develop) 공정에서 구조를 유지하는 데 핵심적인 역할을 한다. 용매는 PR이 기판 위에 균일하고 얇게 도포될 수 있도록 도와주며 이후 건조 과정에서 휘발된다. PR의 핵심은 감광제인데, 빛에 반응하여 화학적 변화를 일으키는 광감성 물질을 포함하고 있다. 이를 유도하는 물질에는 크게 Photo-Acid Compound(PAC)와 Photo-Acid Generator(PAG)가 있으며 사용되는 광원에 따라 그 역할이 다르다. PAC는 주로 i-line 광원에서 사용되고 PAG는 엑시머 레이저 광원(ArF, KrF)에서 사용되어 각기 다른 방식의 화학적 변화를 유도한다.

[표 2-1] Summary of the differences between PAC and PAG

구분	PAC(Photo-Acid Compound)	PAG(Photo-Acid Generator)
역할	Dissolution Inhibitor	Proton Generator
사용용도	Novoac 수지(resin)의 용해도 조절	Protecting group의 이탈반응 촉매
메커니즘	DNQ가 노광시 Acid로 변함	노광 시 Proton이 생성되며, 고분자의 Protection 그룹을 이탈

○ **PAC:** i-line 리쏘그래피에서 사용되는 감광성 물질이며 빛에 의해 산(acid)을 방출한다. Diazonaphthoquinone(DNQ)와 같은 화합물이 대표적이며 Novolac 수지에 첨가해 Tetramethylammonium Hydroxide(TMAH)에 대한 용해도를 떨어뜨린다. 이 혼합 상태에서 빛을 쬐면 DNQ분자의 산성이 활성화되어 Novolac 수지 혼합물의 TMAH 용해도가 약 1000배 정도 증가한다. 구체적인 반응 메커니즘은 다음과 같다.

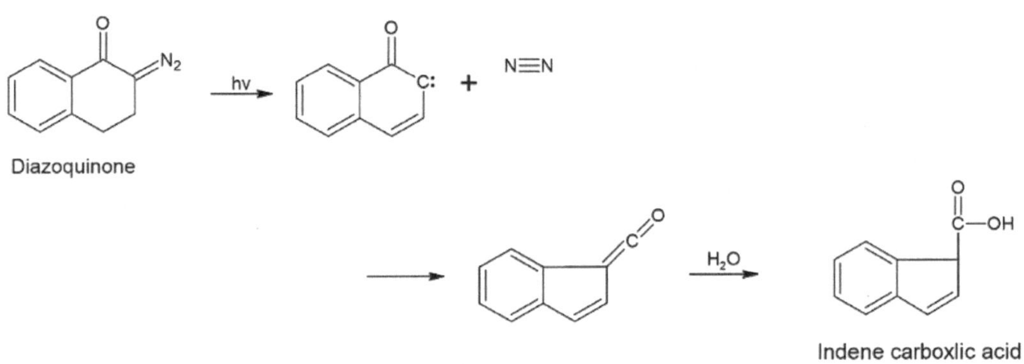

[그림 2-4] Photolysis of DNQ

빛을 받기 전에는 무극성(non-polar) 구조로 소수성(hydrophobic)을 띄지만 빛에 노출 이후 질소 제거와 동시에 carbene 구조(R-C: -R')를 형성한다. 이후 원자 재배열을 통해 indene carboxylic acid가 되어 친수성(hydrophilic)을 띄게 되며 친수성 현상액인 TMAH solution에 잘 녹게 된다.

○ **PAG:** 엑시머 레이저(KrF, ArF)에 사용되는 Chemically Amplified Resist(CAR, 화학증폭형 PR) 타입의 PR에서 Photo-Acid Generator(PAG)는 핵심적인 역할을 한다. 노광부의 PAG는 수소이온(H^+)을 생성하며, 수소이온이 반응 촉매가 되어 노광부의 화학적 성질을 변화시킨다. i-line 광원의 한계를 넘는 PAG 소재 중 가장 널리 사용되는 물질은 Poly-hydroxystyrene (PHOST)이며 말단에 있는 하이드록실기(–OH)로 인해 염기성 현상액(developer)에 잘 씻겨나간다. KrF/ArF PR의 핵심 원리는 생성된 하이드록실기의 수를 조절하여 현상액에 대한 용해도를 의도적으로 제어하는 것이다. 이러한 메커니즘을 실제로 구현할 수 있는 방법은 여러 가지지만 이 중 대표적으로 (1-1)tert-butoxycarbonyl(t-BOC) groups로 보호된 PHOST를 꼽을 수 있다.

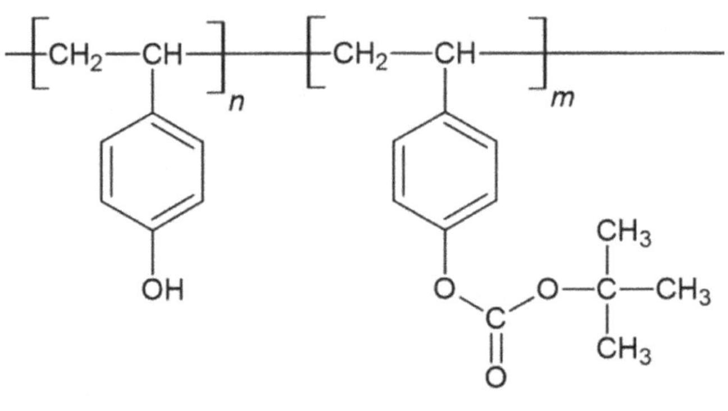

[그림 2-5] Hydroxy styrene-co-tert-butoxycarbonyloxystyrene

Hydroxystyrene 구조의 하이드록실기 대신에 tert-butoxycarbonyl기가 보호기로 붙어있는 것을 tert-butoxycarbonyl oxystyrene이라 한다. 이 구조에서는 하이드록실 그룹이 존재하지 않아 현상액에 대한 용해도가 상대적으로 낮다. 하지만 빛에 의해 생성된 수소이온이 고분자 사슬의 protecting group(t-BOC)을 공격하여 이산화탄소(CO_2)와 tert-butyl cation이 떨어져 나가면서 고분자는 친수성을 띄게 된다(다음 그림 참조). 생성된 tert-butyl cation은 새로운 수소

이온의 전자를 받아 isobutylene이 되며 이 반응 cycle에서 수소이온은 소모되지 않고 유지되어 PR 내부에서 확산된다. 이런 PR의 화학 반응이 수소이온에 의해 증폭되기에 CAR system이라고 부른다.

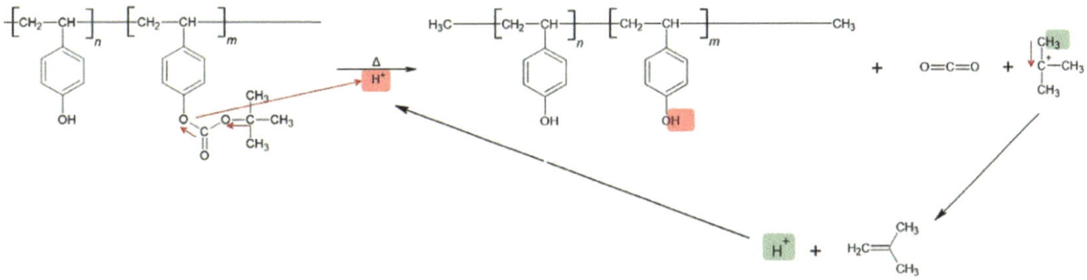

[그림 2-6] Mechanism of t-BOC

(3) 노광 공정 과정

① **HMDS 처리(Hexamethyldisilazane Treatment):** HMDS 처리는 웨이퍼 표면을 친수성에서 소수성으로 바꾸는 단계이다. 웨이퍼 표면에 잔류한 수분이 PR의 부착을 방해할 수 있으므로 HMDS를 사용해 웨이퍼와 PR 간의 접착력을 강화한다. HMDS는 실리콘 산화막 표면에 실록산 결합을 형성하여 물분자가 흡착하지 않도록 보호한다.

② **PR 도포(Photoresist Spin Coating):** PR은 스핀 코팅(spin coating)공정으로 웨이퍼 표면에 도포된다. 웨이퍼를 고속으로 회전시키며 PR을 얇고 균일하게 퍼뜨려, 균일한 두께의 PR 층을 형성한다. 회전 속도와 PR 점도에 따라 원하는 코팅 두께를 조절할 수 있다. 일반적으로 수백 나노미터에서 수 마이크로미터 두께의 PR 층이 도포된다.

③ **소프트 베이크(Soft Bake):** 소프트 베이크는 PR 도포 후 잔여 용매를 증발시켜 PR의 접착력과 감광성을 향상시키기 위한 과정이다. 일반적으로 90~100℃의 온도로 수 분 동안 진행한다. PR이 너무 건조되면 균열(crack)이 생길 수 있으므로 적절한 시간과 온도 조절이 필요하다.

④ **노광(Exposure):** 노광은 마스크를 통해 PR에 빛을 노출시켜 패턴을 형성하는 단계이다. i-line(365nm), KrF(248nm), ArF(193nm) 등의 광원을 사용하여 PR의 화학적 변화를 유도하며 빛이 닿은 부분은 화학적 반응을 일으켜 용해도가 변하게 된다. 노광된 PR의 용해도 변화로 인해 다음 단계인 현상(development) 과정에서 패턴이 형성된다.

⑤ **PEB(Post-Exposure Bake):** PEB는 노광 후 PR 내부에서 발생한 화학 반응을 활성화하고 완료하기 위해 수행되는 단계이다. 특히 CAR형 PR에서 중요한 역할을 하며 PAG가 생성한 산이 PR내에서 더 고르게 확산되도록 도와준다. 이 과정에서 산이 PR의 화학적 구조를 변형시키며 노광된 부분과 노광되지 않은 부분의 용해도 차이를 명확하게 만든다.

⑥ **현상(Develop):** 노광된 PR을 현상액에 노출시켜 패턴을 형성하는 단계이다. Positive PR에서는 노광된 부분이 현상액에 녹아 제거되고, Negative PR에서는 노광되지 않은 부분이 제거된다. 일반적으로 염기성 현상액(TMAH)을 사용하여 PR을 용해시키며 이 단계에서 PR이 패턴에 맞춰 제거되어 웨이퍼 표면에 회로 패턴이 남는다.

⑦ **하드 베이크(Hard Bake):** 하드 베이크는 현상된 PR 패턴을 더 강하게 고정하기 위한 단계이다. 일반적으로 150~200℃ 사이에서 진행된다. 이 과정은 PR의 기계적 강도와 내열성 향상시켜 이후 식각이나 증착 과정에서 PR 패턴이 손상되거나 패턴의 정확도가 떨어지는 것을 방지해준다.

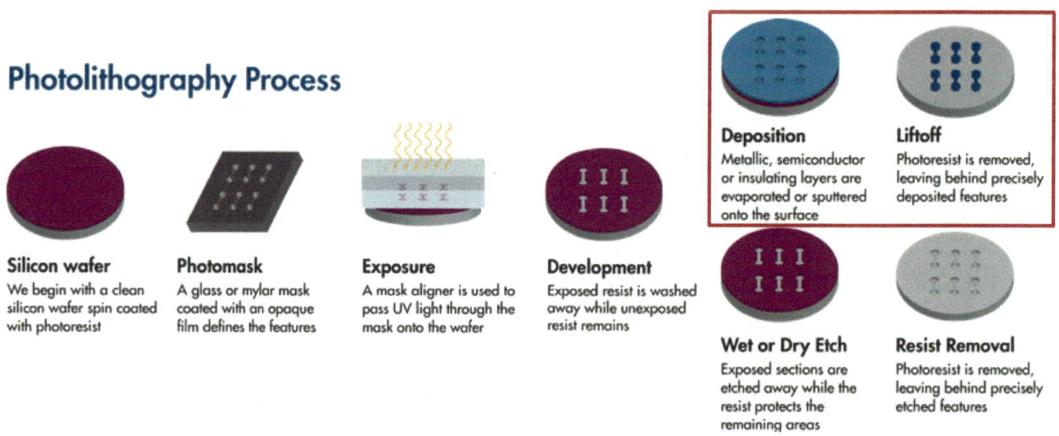

[그림 2-7] Photolithography process

PR 현상 및 하드 베이크까지의 과정을 통해 실리콘 웨이퍼 위에 원하는 PR 패턴을 형성할 수 있다. 이후 실험자는 두 가지 방향의 공정을 선택할 수 있다. 하나는 형성된 PR 패턴 위에 박막을 증착한 뒤 PR을 제거(lift-off)하여 증착된 박막의 패턴을 얻는 방법이며, 다른 하나는 PR 패턴을 그대로 식각(etching)하여 PR 하부 층의 노출된 영역을 제거하는 과정이다. 본 절에서는 이 중 lift-off 공정에 대해서 다뤄보겠다.

1.1.3. Lift-off 공정

Lift-off 공정은 기판 위에 PR을 코팅한 뒤 노광하여 패턴을 형성하고, 그 위에 증착되는 박막을 하부 PR 패턴을 '들어 올림(lift-off)'으로서 패터닝하는 공정이다. 정확한 물리적 메커니즘은아세톤 등의 용매에 의해 기판 위에 남아 있던 PR이 용해되면서, 상부에 증착된 박막의 지지층이 사라져 박막이 제거되는 방식이다. 금속, 반도체 등 다양한 재료에서 보편적으로 사용되고 있다. Lift-off 공정은 보통 마이크로 스케일의 미세패턴 형성에서 주로 사용되며 박막 증착 이후 식각을 하지 않기 때문에 기판이나 박막이 손상될 가능성이 적다. 또한 다양한 두께, 종류의 박막에 적용할 수 있어 공정 편의성 측면에서도 이점을 가지고 있다. 아래는 lift-off 공정의 단계를 나열한 그림이다.

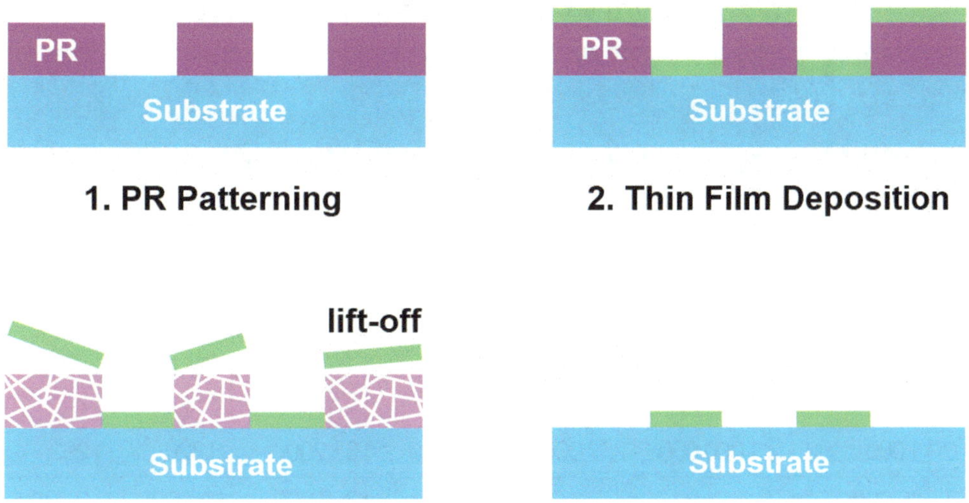

[그림 2-8] Lift-off process

1.1.4. 클린룸

(1) 클린룸이란?

클린룸(Clean Room)은 공기 중의 입자, 먼지, 미생물 등을 엄격히 제어하는 특수한 작업 환경을 의미한다. 반도체, 제약, 생명공학, 정밀 기계 제조 등 다양한 산업에서 사용되며, 특히 미세한 입자나 오염 물질이 제품의 품질과 성능에 큰 영향을 미치는 경우 필수적으로 설치된다. 이러한 환경을 유지하기 위해 클린룸은 고성능 공기 여과 시스템과 온도, 습도 제어 시스템을 갖추고 있다. 또한 노광 공정 시 짧은 파장의 빛이 포토레지스트에 영향을 주지 않도록 노란색 광원을 조명으로 사용하기 때문에 yellow room이라고도 불린다. 추가적으로 외부의 단파장 빛을 차단하기 위해 창문에 노란색 셀로판지를 붙이거나 노란색 유리를 사용한다.

(2) 클린룸의 분류

클린룸은 특정 크기 이상의 입자가 허용되는 농도를 기준으로 정의되며, 국제 표준에 따라 등급이 구분된다. 예를 들어 ISO 1급 클린룸은 0.1마이크로미터 이상의 입자가 거의 없는 청정 환경을 의미하며, ISO 9급은 일반적인 실내 공기와 비슷한 수준으로 상대적으로 낮은 청정도를 나타낸다. 구체적인 분류 기준은 아래의 표 2-2와 같다.

[표 2-2] 허용 입자 농도 및 크기에 따른 clean room의 분류

Class	FED STD 209E Equivalent	Maximum concentration limits(particles/m³ of air) for particles equal to and larger than the sizes listed below					
		0.1 micron	0.2 micron	0.3 micron	0.5 micron	1 micron	5 micron
ISO 1		10	2				
ISO 2		100	24	10	4		
ISO 3	1	1,000	237	102	35	8	
ISO 4	10	10,000	2,370	1,020	352	83	
ISO 5	100	100,000	23,700	10,200	3,520	832	29
ISO 6	1,000	1,000,000	237,000	102,000	35,200	8,320	293
ISO 7	10,000				352,000	83,200	2,930
ISO 8	100,000				3,520,000	832,000	29,300
ISO 9						8,320,000	293,000

(3) 클린룸 관리 규정

클린룸 내의 청정도를 유지하기 위한 4대 원칙은 다음과 같다.

① **유입 방지:** 외입 기류를 통한 먼지 유입을 차단할 수 있도록 양압 상태를 유지하여야 하며, 위에서 아래 방향으로 약한 기류를 형성하여 먼지의 날림을 방지한다. 또한 출입구는 모두 이중으로 하여 두 개의 문이 동시에 열리지 않도록 interlock 기구를 사용하여야 한다.

② **발생 방지:** 작업자에게서 먼지가 발생하지 않도록 방진복, 방진화, 방진모, 마스크, 장갑을 올바르게 착용하여야 하며, 불필요하거나 분진이 발생하는 물건의 반입을 금지하여야 한다.

③ **집적 방지:** 불가피하게 쌓이는 먼지를 주기적으로 청소하여야 한다.

④ **신속 제거:** 국부적으로 발생하는 먼지를 집중적으로 제거하여야 하며(발진부 가까이에서 배기), 환기 횟수를 늘려 부유 먼지를 효과적으로 배출하여야 한다.

이 중에서 작업자의 출입 과정에서 발생하는 먼지 외입이 클린룸의 오염에 가장 크게 기여하기 때문에, 작업자는 반드시 상기 1의 유입 방지 관련 수칙을 준수하여야 한다. 또한, 클린룸 내부의 모든 기류 발생 장치에는 먼지를 효과적으로 차단할 수 있는 high efficiency particulate air (HEPA) 필터를 활용하여야 한다.

1.1.5. 진공 펌프

진공 펌프 및 진공 시스템의 주요 목적은 폐쇄 시스템에서 공기를 흡입하여 진공을 생성하는 것이다. 높은 진공도를 달성하는 것은 단순히 시스템 내를 깨끗하게 하는 것뿐만 아니라, 시스템 내부를 특정 기체나 플라즈마 등의 환경으로 만들기 위해 이물질이나 다른 성분의 기체 등을 제거하는 데에도 사용된다. 공정의 종류에 따라 서로 다른 수준의 진공도가 요구되며, 진공도는 압력 수준에 따라 다음과 같이 구분할 수 있다.

[표 2-3] 압력 수준에 따른 진공도의 분류

Perfect Vacuum	0 Torr (theoretically impossible)
Outer Space	~ 10^{-9} to 10^{-17} Torr
Extreme High Vacuum	~ 10^{-13} Torr
Ultra High Vacuum (UHV)	~ 10^{-10} to 10^{-11} Torr
High Vacuum (HV)	~ 10^{-5} to 10^{-8} Torr
Medium Vacuum	~ 10^{-3} to 10^{-5} Torr
Low or Rough Vacuum	~ 10^{-3} Torr
Atmospheric Pressure (ATM)	760 Torr (= 1 atm = 1.013 bar = 101.3 kPa)

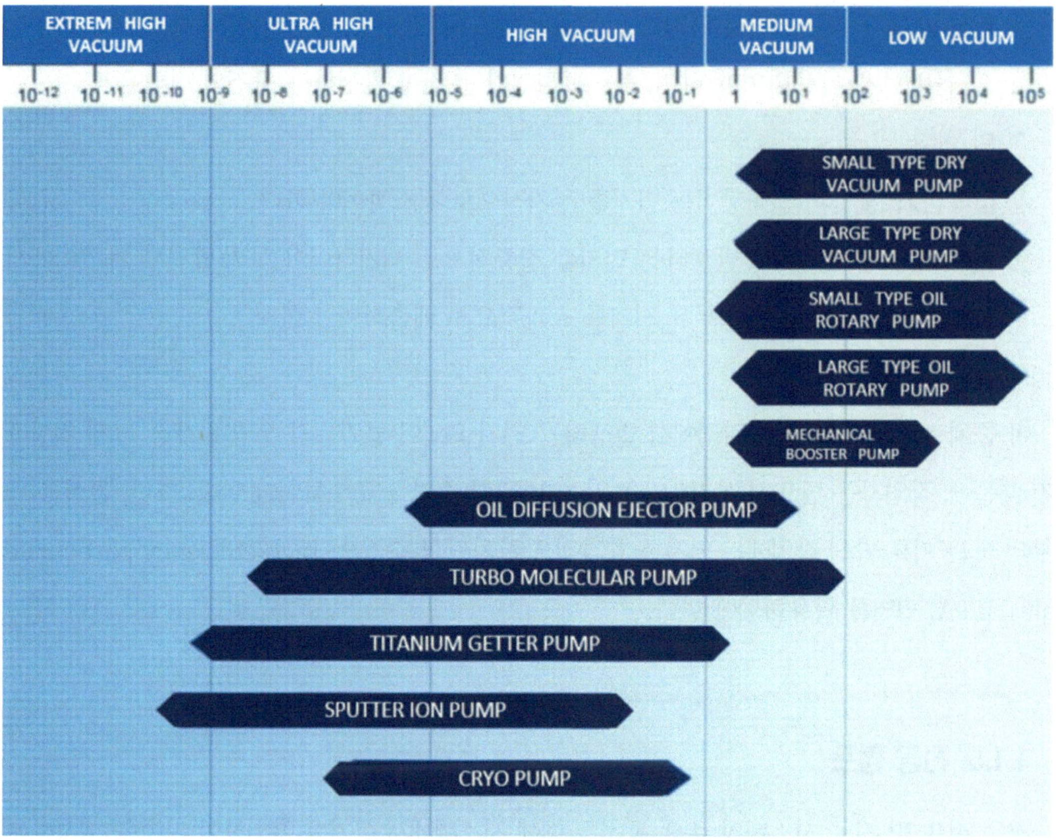

[그림 2-9] 목표 진공도에 따른 펌프의 종류 (단위: Pa)

한 종류의 펌프 시스템으로 도달할 수 있는 진공도에는 한계가 있으며(그림 2-9), 고진공에 도달하기 위해서는 저진공 도달이 선행되어야한다. 따라서다양한 펌프의 조합을 통해 고진공 상태를 달성하는 경우가 많다. 본 절에서는 열증착(thermal evaporation) 시스템에서 가장 널리 사용되는 로터리 펌프(rotary vane pump)와 터보 분자 펌프(turbo molecular pump)에 대해 설명하고자 한다.

(1) 저진공 펌프 – Oil-Sealed Rotary Vane Pump

Oil-sealed rotary vane pump는 이름을 직역하면 "기름이 발라진 회전 날개 펌프"라는 뜻으로, 펌프 내로 들어온 기체가 회전 날개로 압축되어 생기는 압력 차를 이용해 이를 외부로 방출시킴으로써 대상 챔버를 진공화한다. 간단히 로터리 펌프라고도 부르며 저진공 펌프 중에서도 가장 널리 사용될 뿐만 아니라 중-고진공 이상의 높은 진공도 도달을 위해서는 저진공 도달이 필수적이기 때문에 그 사용처가 더욱 많다.

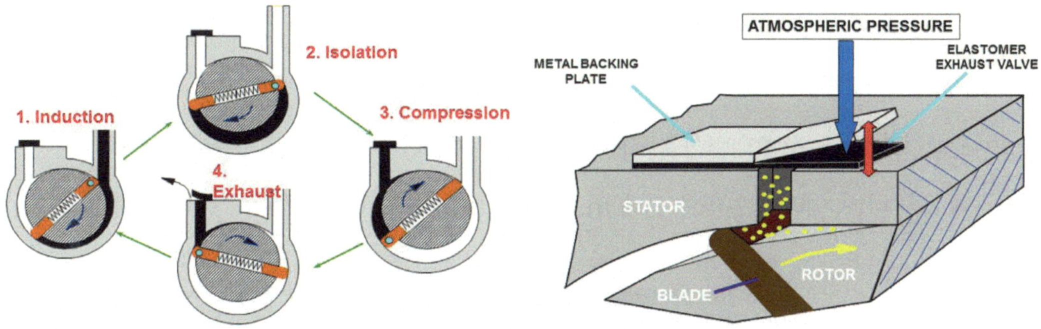

[그림 2-10] Rotary vane pump의 작동 원리 및 내부 모식도

로터리 펌프의 자세한 작동 원리는 다음과 같다.

① **흡입(Induction):** 회전부 즉 로터의 회전으로 인해 기체 분자가 챔버 내로 유도되어 초승달 모양의 공간에 가득 찬다.

② **고립(Isolation):** 날개(vane 또는 blade)의 회전에 의해 기체 분자가 챔버 내에 고립된다. 이때 챔버 내벽과 날개 사이의 간격은 수십 마이크로미터 내외이며, 이 틈을 내부의 oil에 의해 형성된 유막이 채워준다.

③ **압축(Compression):** 로터가 계속 회전하면 기체 분자는 날개에 의해 쓸어 모아져 부피가 감소하고 온도가 상승한다.

④ **배기(Exhaust):** 로터가 완전히 회전해 배출 밸브 가까이 위치하면 기체의 압력이 대기압보다 높아져 밸브를 강제로 열며 대기로 배출된다.

단일 로터리 펌프는 일반적으로 수 mTorr 즉 저진공까지만 진공화할 수 있으며, 더 높은 진공도를 위해서는 고진공 펌프와 함께 사용하여야 한다.

(2) 고진공 펌프 – Turbo Molecular Pump

Turbo molecular pump(TMP)는 진공 펌프 중에서 가장 복잡하고 정밀한 구조를 가진 펌프 중 하나로, 기본 설계가 터빈 엔진의 설계와 유사하다. 수만 rpm의 고속으로 회전하는 모터의 중심축에 로터 블레이드(rotor blade)라고 하는 회전 디스크와 스테이터 블레이드(stator blade)라고 하는 고정 디스크가 번갈아가며 달려있고, 이 디스크들에는 터빈과 같이 날개들이 매우 촘촘하게 달려있다. 흡입구를 통해 챔버로 들어온 기체 분자는 로터와 스테이터의 날개에 부딪힌다. 이 날개들은 로터와 스테이터에 각각 반대 방향으로 달려있어 각 날개에 부딪힌 분자들은 서로 반대 방향으로 운동량의 변화를 겪는다. 기체 분자들은 순차적으로 다음 층의 날개에 맞아 배기구에 도달하며, 이러한 원리로 인해 molecular pump라고 불리우기도 한다.

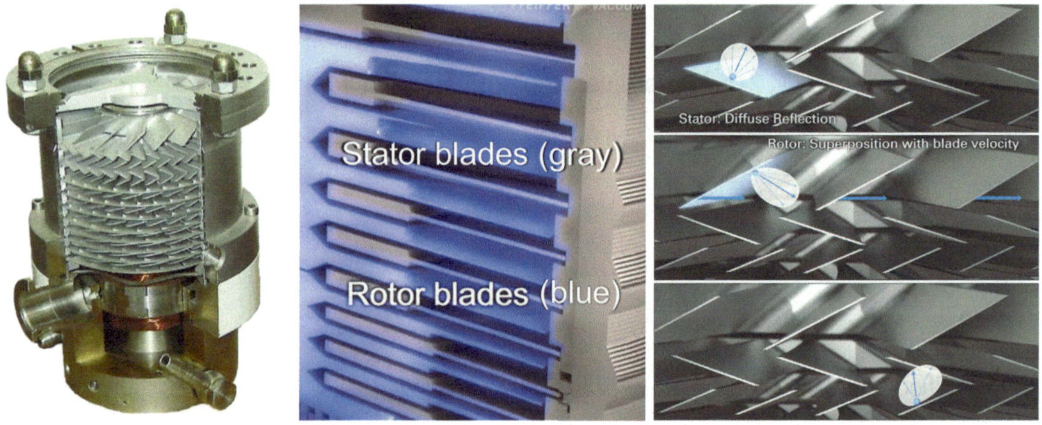

[그림 2-11] Turbo molecular pump의 내부 사진 및 작동 원리

[그림 2-12] TMP 오작동으로 인한 날개 파손

기체 분자가 날개에 직접 충돌하는 원리 상 챔버 내의 기체 분자 수가 지나치게 많으면 날개가 찢어지면서 챔버 전체가 폭발하는 큰 사고로 이어질 수 있다. 따라서 각종 자동 제동 장치의 유무와 관계없이 실험자는 항시 챔버의 저진공 도달을 확인한 후 터보 분자 펌프의 흡입구 밸브를 작동하여야 한다.

1.1.6. Physical Vapor Deposition

증착(deposition)이란 반도체 소자를 제작하기 위해 필요한 다양한 물질을 기체 상태로 증발/승화시켜 기판 표면에 쌓음으로써 얇은 두께의 막(film)을 형성하는 과정을 의미한다. 증착공정은 소재의 화학반응없이 물리적 상(phase) 변화를 이용해 막을 형성하는 Physical Vapor Deposition(PVD)과 챔버내 화학반응을 통해 새로운 막을 형성하는 Chemical Vapor Deposition(CVD) 방법으로 나눌 수 있다. PVD 기법에는 크게 열증착, 전자빔증착, 스퍼터링이 있다.

① **열증착(thermal evaoporation):** 열증착법은 타겟 물질을 고진공 챔버내에서 가열함으로써 완전히 증발시킨 후 상부에 배치된 기판 표면에 재흡착시켜 막을 형성하는 방법이다. 증발된 원자 또는 분자의 평균자유행로를 높이고 승화온도를 낮추기 위해 고진공 챔버에서 진행한다. 높은 평균자유행로로 인해 낮은 스텝 커버리지(step coverage)를 가지기 때문에 균일한 증착을 위해서는 타겟 기판을 일정한 속도로 회전을 시킨다. 시료에 열을 가하기 위해 텅스텐 보트(boat)를 사용하며 보트의 온도가 높을수록 더 많은 시료 분자들이 기체로 증발하게 된다. 따라서 보트 온도를 높일수록 더 빠른 속도로 박막을 형성할 수 있다. 그러나 너무 높은 온도는 시료를 담고 있는 보트의 불순물까지 증발시키므로 목표 두께를 고려해야 하여 적절한 온도를 선택한다.

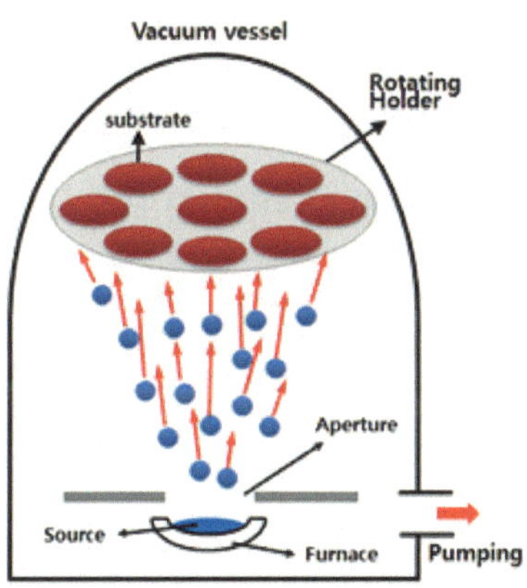

[그림 2-13] Thermal evaporation이 일어나는 챔버 내부의 모식도(좌)와 챔버 내부에서 boat의 Joule heating으로 열이 가해지는 모습(우)

② **전자빔증착(e-beam evaporator):** 전자빔을 사용하여 고체 재료의 표면을 증발시켜 박막을 형성하는 방법이다. 증착할 재료의 표면에 전자빔을 집중하여 녹는점 및 기화점이 높은 물질들을 효과적으로 기화시켜 증착할 수 있다. 재료를 기화시켜 기판 표면에 증착하기 때문에 열증착법처럼 낮은 스텝 커버리지를 갖으며 균일한 박막 증착을 위해 시료가 고정되어있는 척 (Chuck)을 일정한 속도로 회전시킨다. 실험시 시료를 담고있는 도가니에 전자빔이 집중되지 않도록 정밀히 제어해야 한다.

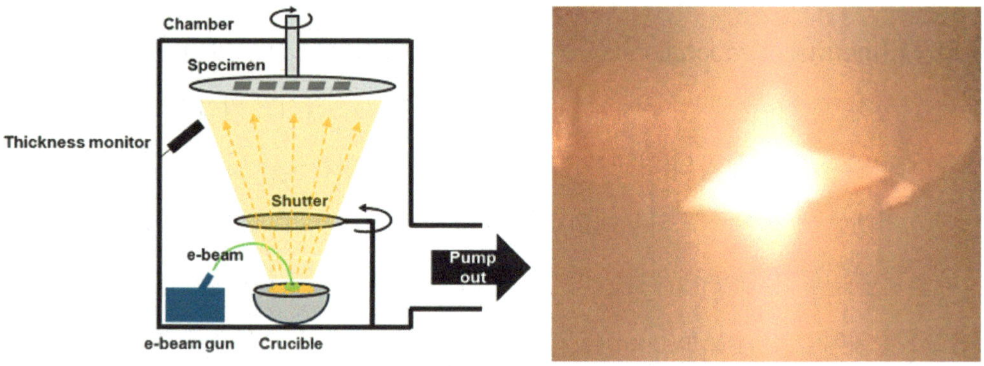

[그림 2-14] e-beam evaporator 증착기 모식도(좌)와 도가니에 담겨있는 증착물질이 전자빔으로 가열되는 모습(우)

③ **스퍼터링(sputtering):** 스퍼터링은 플라즈마를 활용한 PVD 증착 방법이다. 플라즈마를 이용해 고체 타겟 표면의 원자 혹은 분자를 떼어내어 증착시키는 방법이다. 주로 사용되는 방식은 비활성기체 아르곤(Ar)을 챔버에 주입 후 타겟에 강한 전기장을 걸어주는 것이다. 타겟 주위에 Ar 플라즈마를 활성화시켜 형성된 Ar이온이 전기장에 의해 가속되어 타겟 표면에 충돌하도록 한다. 이 과정에서 타겟 표면의 원자들이 방출되어 챔버 내부를 날아다니다가 기판 표면에 도달해 막을 형성한다. 역시 기판을 회전시켜 균일한 박막 증착을 유도할 수 있다. 앞서 소개한 열증착법 및 전자빔증착법과 비교해 높은 스텝 커버리지를 갖으며 비교적 간편하며 증착 속도가 높아 다양한 금속 및 반도체, 절연체 박막 공정에 이용된다. 또한 타겟이 잘 관리 될 경우 오랜시간동안 사용가능해 공정비용 절감에 용이하다. 하지만 앞서 증착법들과 비교해 플라즈마에 의한 증착 소재의 손상이나 기판의 손상 위험이 있으며 이러한 이유로 증착된 막의 품질이 낮아지는 경우도 있다. 이때

적절한 온도의 어닐링(annealing) 공정을 통해 막 품질 저하 문제를 해결하기도 한다.

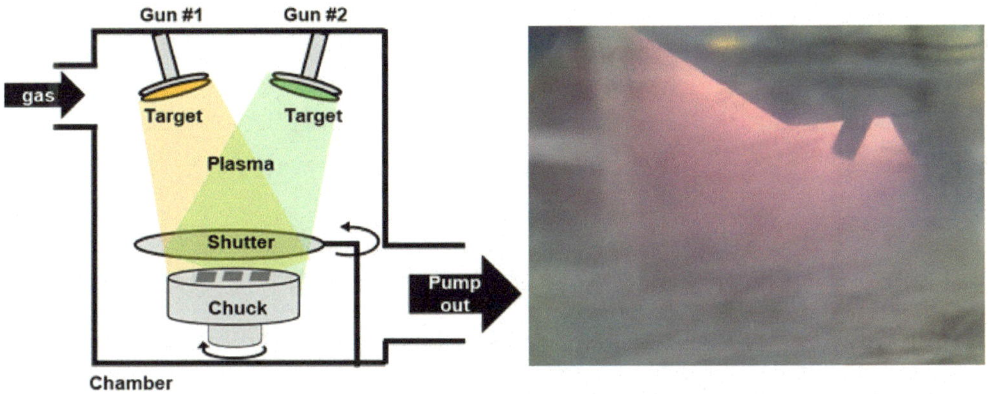

[그림 2-15] Sputter 증착기의 모식도(좌)와 타겟에 플라즈마를 발생시켜 스퍼터링 하는 모습(우)

1.2. 실험 목적

포토리쏘그래피를 이용한 패터닝 공정의 과정과 원리를 이해한다. 포토레지스트로 패터닝된 기판을 만들고 그 위에 금속을 진공 증착 후 stripping 과정을 진행해 금속 전극 패턴을 완성한다.

1.3. 실험 준비

① **실험 도구:** Silicon wafer, diamond cutter, wafer carrier, sonicator, acetone, IPA, DI water, photoresist (PR, p-tone), hot plate, photomask, developer, metal source (Au, Ti), tungsten boat

② **사용 장비:** mask aligner, spin coater, optical microscopy, RIE plasma system, thermal evaporator

1.4. 실험 과정

1.4.1. Photolithography

① **[기판 준비]** Diamond cutter를 활용해 silicon wafer를 원하는 크기로 자른다. (1.5cm × 1.5cm)

② **[기판 세척]** 자른 silicon wafer를 acetone, IPA, DI water에 담아 각각 15분 간 sonicator로 세척한다.

③ **[Photoresist 박막화 및 soft-bake]** Spin coater를 활용해 정해진 조건에 따라 photoresist를 코팅한 뒤 hot plate에서 soft baking을 진행한다. (spin-coating: 3000 rpm, 30s / soft bake: 120°C, 60s)

④ **[UV exposure]** Mask aligner에 mask와 기판을 얹고 정렬한 뒤 노광한다. (Exposure: 5s)

⑤ **[Develop]** 노광된 시료를 developer와 DI water에 각각 정해진 시간만큼 담가 노광된 부분을 제거한다. Develop 후 노광 영역이 충분히 제거되었는지 optical microscopy로 확인한다. (Developer 30s, DI water 30s)

⑥ **[O2 plasma]** RIE plasma system을 활용해 깨끗하게 develop 되지 않은 PR 영역을 제거한다.

1.4.2. Thermal evaporation

① **[증착 준비]** Tungsten boat에 Ti, Au source를 담아 지정된 포트에 loading하고, 준비된 기판은 샘플 홀더에 부착하여 증착기 내부 카세트에 장착한 뒤 펌프를 작동시켜 챔버 내부를 진공화한다.

② **[Thermal evaporation]** 챔버 진공도가 5.0×10^{-7} Torr에 도달하면 boat에 전류를 흘려 증착을 시작한다. (목표 두께: Ti 10nm, Au 25nm / 약 0.2 Å/s)

1.4.3. Lift-off

① **[Lift-off]** 증착이 끝난 시료를 증착기 챔버에서 꺼내 acetone에 넣고 부드럽게 흔들어 PR

을 전부 벗겨낸다. 잘 벗겨지지 않을 경우 약 10초씩 sonicator를 활용하며 PR이 벗겨지는지 확인한다.

② **[Inspection]** 원하는 패턴으로 전극 패턴이 잘 형성되었는지 확인한다.

1.5. 실험 키워드

▽ si-wafer – Production of wafer, crystallinity, shape, oxide, surface

▽ clean room - definition, purpose, maintenance parameters, precautions

▽ photolithography, photoresist - purpose, procedure, photoresist type

▽ thermal evaporation (cvd, pvd) - purpose, types, method

▽ vacuum techniques - vacuum level, pump types

참고문헌

1. Oxidation process [ASML KOREA]
2. Student question on silicon wafer orientation [Chegg]
3. Mack, Chris. "Chapter 5. Conventional Resists: Exposure and Bake Chemistry." Fundamental Principles of Optical Lithography: The Science of Microfabrication, pp. 191–222.
4. Mack, Chris. "Chapter 6. Chemically Amplified Resists: Exposure and Bake Chemistry." Fundamental Principles of Optical Lithography: The Science of Microfabrication, pp. 223–256.
5. Lithography process flow [Baskin Engineering, UC SANTA CRUZ]
6. ISO 14644 Cleanroom Standards [Blue Thunder Technologies]
7. Vacuum Pump Selection Guide [ULVAC]
8. Oil Sealed Rotary Vane Pumps [VAC AERO International]
9. Functional principle of the HiPace turbopump in 3D [Pfeiffer Vacuum Youtube]
10. Turbo Pump Failure [PROVAC]

제2절

유기 반도체 증착 공정

수십 나노미터 두께의 반도체 박막을 원하는 기판 위에 어떻게 만들까?

2.1. 실험 배경

2.1.1. 유기 열증착 공정

(1) 유기반도체

유기반도체는 탄소 화합물과 같은 유기 물질로 이루어진 반도체를 의미한다. 대부분의 유기소재는 절연체 성질을 띄지만 몇몇은 독특한 전기적 특성을 보이기도 한다. 유기반도체가 전류를 전달할 수 있는 이유는 그 분자 구조에 있다. 이들 분자는 이중 결합과 단일 결합이 번갈아 배열된 공액 구조(conjugated structure)로 이루어져 있다. 공액 구조는 이중결합을 구성하는 서로 다른 π(파이) 결합의 p 오비탈들이 서로 중첩되며 만들어진다. 공액 구조가 분자 전체를 걸쳐 형성되어 p 오비탈이 서로 겹쳐있다면 분자의

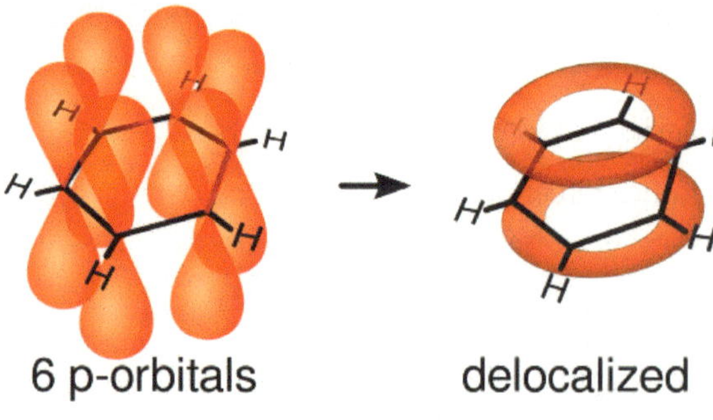

[그림 2-16] 벤젠 오비탈의 비편재화

전자 밀도가 특정 결합에 국한되지 않고 분자 전체에 걸쳐 비편재화(delocalization)된다. 그 결과 단일 분자 내에서 전하 운반자(charge carrier)가 자유롭게 움직일 수 있는 경로가 제공되어 유기반도체가 전기적 특성을 가질 수 있다.

유기반도체에서의 전하 전도(charge transport)는 크게 두 가지로 나눌 수 있다. 먼저 분자 내 전하 이동(intramolecular charge transport)은 개별 분자 내에서 전하가 이동하는 과정으로, 공액 구조 덕분에 전자 이동이 상대적으로 빠르고 효율적이다. 그리고 분자 간 전하 이동(intermolecular charge transport)은 개별 분자들 사이에서 전하가 이동하는 과정으로, 해당 과정에서는 전하 운반자가 분자들간에 존재하는 진공으로 이루어진 공간을 뛰어넘어야 하기 때문에 분자 간의 전하 이동의 에너지 장벽이 더 높다. 즉 분자 간 전하 이동이 분자 내 전하 이동에 비해 훨씬 어렵기 때문에 분자 간 전하 이동을 원활하게 만드는 것이 유기반도체의 성능 향상에 가장 중요한 과제이다.

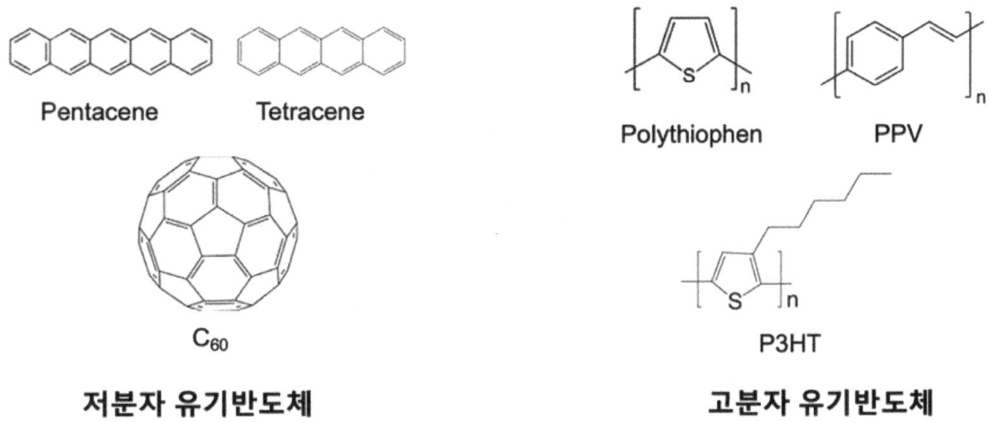

[그림 2-17] 유기반도체의 종류

유기반도체는 크게 단분자 물질과 고분자 물질로 나눌 수 있으며, 이 두 가지는 박막 형성 방식과 구조적 특성에서 차이를 보인다. 단분자 유기반도체는 하나의 작은 분자로 된 유기반도체 물질을 부르는 말이며, 예시로는 pentacene, tetracene, C_{60} 등이 있다. 이러한 물질은 주로 기상 증착 공정인 진공 열증착을 통해 박막을 형성하며, 이 과정에서 규칙적으로 배열된 결정 구조를 형성한다. 이러한 결정 구조에서는 서로 다른 분자의 π-오비탈 간의 거리가 짧기 때문에 별도의 열처리 없이도 높은 전하 이동도를 가진다. 결정을 구성하는 단분자의 배향 및 적층 형태(molecular packing)는 분자의 형태, 기판의 표면 에너지 등 분자 및 표면 간의 상호작용에 의해 결정되며, 이러한 적층 형태는 분자 간의 π-오비탈의 중첩 형태를 결정하기 때문에, 단분자 박막의 전하 이동도에 큰 영향을 미친다.

고분자 유기반도체에는 Polythiophene, Poly(3-hexylthiophene-2, 5-diyl) (P3HT), Poly(p-phenylene vinylene)(PPV)와 같은 물질들이 포함되며, 이들은 주로 프린팅이나 코팅과 같은 용액 공정을 통해 박막을 형성한다. 고분자는 분자 사슬이 길고 복잡하여 모든 사슬이 자연적으로 규칙적인 배열을 형성하는 것이 어렵고, 공정 직후에는 박막 내에 결정성 영역과 비정질 영역이 혼재하게 된다. 고분자 박막 내에서는 단분자 박막과 마찬가지로 분자 간의 거리가 짧고 배열이 규칙적인 결정성 영역이 많을수록 분자 간 전하 이동이 유리하다. 따라서 유리 전이 온도 이상으로 열을 가한 뒤 천천히 식히면 박막 내 결정성을 높여 전기적 특성을 향상시킬 수 있는데, 이를 어닐링(annealing)이라고 한다.

이처럼 유기반도체 박막을 형성하는 데는 기상 공정과 용액 공정 등 다양한 방법이 사용될 수 있으며, 각각의 공정은 재료의 특성과 응용 분야에 따라 선택된다. 본 실험에서는 기상 증착 공정 중 하나인 열증착 공정을 사용하여 단분자 유기반도체 박막을 형성한다.

(2) 유기 반도체의 진공 열증착

단분자 유기반도체의 진공 열증착 과정에서는 분자가 자발적으로 결정 구조를 형성하며, 이 과정은 nucleation and growth 모델로 설명할 수 있다. 충분한 열에너지를 갖고 기판에 도착한 분자는 에너지를 완전히 잃을 때까지 기판 위를 미끄러지듯 움직인다. 이때 어떤 지점에서 분자가 멈추게 되면 해당 분자는 결정의 핵 역할을 하며 다른 분자들이 해당 분자에 연속적으로 붙으며 결정이 성장해나가게 된다.

이를 통해 형성된 결정의 형태는 분자 간 상호작용의 크기와 분자-기판 간 상호작용의 크기에 따라 달라지게 되며, 이 형태를 세 가지로 나눌 수 있다. 분자 간의 상호작용보다 분자-기판 상호작용이 강한 경우, 핵 형성 후 결정이 수평 방향으로 충분히 성장하여 첫 번째 층을 완전히 형성한 뒤 다음 층이 쌓이기 시작하여 층 단위의 연속적인 성장이 일어나며, 이를 Frank-van der Merwe(FM) mode라고 한다. 이와 반대로 분자-기판 상호작용보다 분자 간의 상호작용이 강한 경우 핵 형성 후 자라나는 grain 위에 다음 레이어가 쌓이기 시작하여 섬 형태의 불연속적인 성장이 일어나며, 이를 Volmer-Weber(VW) mode라고 한다. Stranski-Krastanov(SK) mode는 두 모드의 중간 형태로, 초기에는 수평 방향 성장과 수직 방향 성장이 비슷한 속도로 일어나는 형태를 말한다.

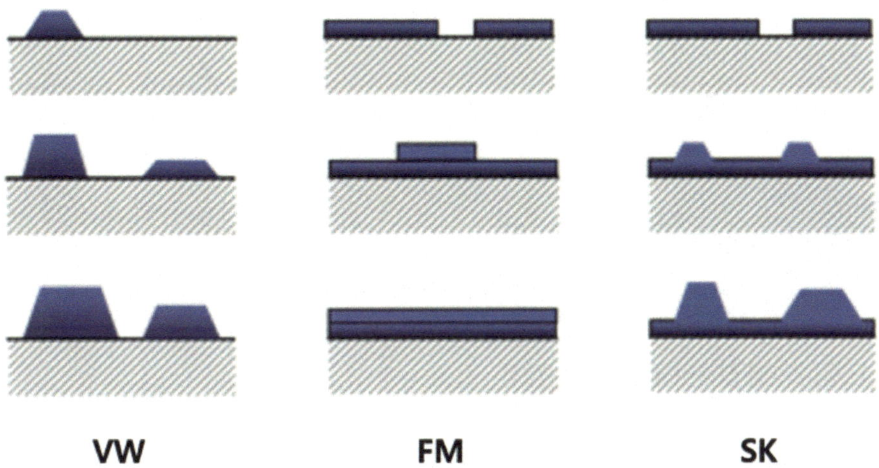

[그림 2-18] Nucleation and growth 모델

단분자 박막의 결정성을 높이기 위해서는 결정 성장의 형태 뿐만 아니라 결정을 구성하는 grain의 크기가 커야하기 때문에 결정핵의 수를 줄이는 것이 중요한데, 이때 기판의 표면 에너지가 결정적인 역할을 한다. 따라서 표면 에너지를 조절하여 분자 결정의 성장 모드를 제어하고 grain 크기를 크게 형성함으로써 결정성을 향상시키고 고른 박막을 형성할 수 있다.

2.1.2. 박막의 표면 에너지

(1) 표면 에너지 (Surface energy)

표면 에너지(surface energy)는 고체 표면에 존재하는 원자들이 고체 내부의 원자들에 비해 더 높은 에너지를 가지는 상태라는 점에서 출발하는 개념이다. 물질의 내부에서는 원자들이 서로 안정된 결합을 이루고 있지만, 표면에서는 결합이 불완전하게 형성되어 잔여 에너지가 존재한다. 이 잔여 에너지가 표면 에너지이며, 모든 물체는 자신의 표면에너지를 최소화하기 위한 형태를 갖고자 하는 성질이 있다.

고체의 표면에너지는 그 위에 형성된 액체의 방울과 고체의 표면이 이루는 각을 결정한다. 이때 액체 방울의 끝에서 작용하는 표면에너지를 성분에 따라 나누어 설명하는 가장 기본적인 모델이 Young's 방정식이다. Young's 방정식은 다음과 같이 주어진다:

$$\gamma_s = \gamma_{sl} + \gamma_l .\cos\theta$$

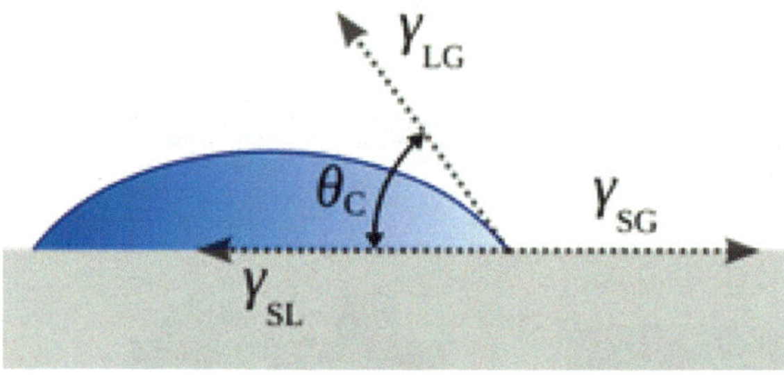

[그림 2-19] 접촉각을 정의하는 방식

여기서 γ_{SG}는 고체-기체 간의 표면에너지, γ_{SL}은 고체-액체 간의 표면에너지, γ_{LG}는 액체-기체 간의 표면에너지이며, θ는 접촉각을 의미한다.

이 방정식에 따르면, γ_{LG}에 대한 상대적인 γ_{SG}와 γ_{SL}의 값에 따라 액적의 형태가 결정된다. 예를 들어, 고체-액체 상호작용이 강할수록 γ_{SL}이 낮아지며, 결과적으로 액체는 고체 표면에 넓게 퍼지고 접촉각이 작아진다. 반면, γ_{SL}이 높으면 고체와 액체 사이의 상호작용이 약해져, 액적이 표면에서 둥글게 형성되고 접촉각은 커진다. 이러한 표면 에너지는 기판과 분자 간의 힘에 직접적으로 연관되어 있어 앞서 말한 세 가지 결정 성장 방식을 결정하여 박막 형성에 있어서 중요한 요소이다.

(2) 접촉각 측정을 통한 표면에너지 계산

고체의 표면에너지는 해당 고체 표면에 형성된 액체 방울이 고체 표면과 만드는 접촉각(Contact Angle)을 통해 정량적으로 구할 수 있다.

먼저, 아래의 Dupré 방정식은 표면에너지와 부착력(접촉된 서로 다른 두 물질을 떼어내는 데에 필요한 힘) 간의 관계를 설명하며

$$\gamma_{sl} = \gamma_l + \gamma_s - W_{sl}$$

이를 Young 방정식과 결합하여 Young-Dupré 방정식을 도출할 수 있다.

$$W_{sl} = \gamma_l(1 + \cos\theta)$$

또한 Fowkes는 물질의 표면에너지를 비극성(non-polar 또는 dispersive) 상호작용과 극성(polar) 상호작용으로 구분하여 나타내었으며($\gamma = \gamma^D + \gamma^P$), 그에 따른 Fowkes Theory는 다음과 같이 나타난다.

$$W_{sl} = 2\left(\sqrt{\gamma_l^D \cdot \gamma_s^D} + \sqrt{\gamma_l^P \cdot \gamma_s^P}\right)$$

각 표면 에너지의 윗첨자는 비극성(D, Dispersive)과 극성(P, Polar) 상호작용에 의한 표면에너지를 나타낸다. 이 수식과 Young-Dupré 방정식을 합치면 Owens-Wendt-Rabel & Kaelble(OWRK) Model을 도출할 수 있다.

$$\gamma_l(1 + \cos\theta) = 2\left(\sqrt{\gamma_l^D \cdot \gamma_s^D} + \sqrt{\gamma_l^P \cdot \gamma_s^P}\right)$$

이 모델을 통해 고체의 표면 에너지($\gamma_S = \gamma_S^D + \gamma_S^P$)를 계산하기 위해서는 액체의 접촉각과 표면에너지를 대입하여 고체의 두 표면에너지 성분(γ_S^D, γ_S^P)에 대한 이원일차연립방정식을 세워야 한다. 따라서 표면에너지의 비극성 성분과 극성 성분이 알려진 두 액체를 최소 두 가지 사용해 접촉각을 측정해야 한다. 대표적으로 diiodomethane과 물이 함께 사용되며, 특히 diiodomethane은 $\gamma_l^P=0$이기 때문에 위 방정식의 해를 구하는 것이 간편해 널리 사용된다.

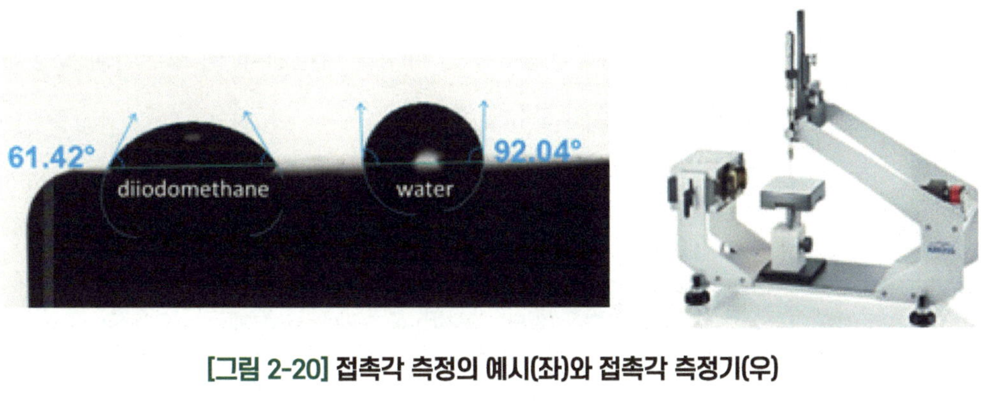

[그림 2-20] 접촉각 측정의 예시(좌)와 접촉각 측정기(우)

접촉각 측정기로는 단순한 접촉각 뿐만 아니라 판을 기울이거나 액체를 주입/제거하는 방식으로 측정되는 전진각과 후진각을 구할 수 있다. 전진각은 액체가 표면을 따라 퍼질 때 측정되는 최대 접촉각을 의미하며, 표면의 친수성(hydrophilicity) 또는 소수성(hydrophobicity)을 나타낸다. 후진각은 액체가 표면에서 물러날 때 측정되는 최소 접촉각으로, 표면 에너지와 표면의 불균일성에 대한 정보를 제공한다.

또한 전진각과 후진각의 차이를 통해 접촉각 히스테리시스(Contact Angle Hysteresis)를 계산할 수 있다. 히스테리시스는 표면의 거칠기 또는 화학적 불균일성으로 인해 발생하는 현상으로, 표면 에너지의 불균일성, 표면 오염, 또는 구조적 결함 등에 대한 중요한 지표로 사용된다.

2.1.3. 엘립소메트리 (Ellipsometry)

빛(전자기파)은 전기장과 자기장이 서로 수직을 이루고 일정한 방향으로 진동하며 나아가는 파동이며, 이때 전기장 성분의 진동 방향 및 세기를 벡터로 나타내어 편광 상태를 정의할 수 있다. 전자기파를 벡터로 나타내면 다음과 같다.

$$\vec{E}(z,t) = Ee^{i(kz - \omega t + \phi)}$$

전자기파의 전기장 성분을 진행방향(z)에 수직인 두 방향(x, y)의 벡터로 쪼개어 다음과 같이 나타낼 수 있다.

$$\vec{E}(z,t) = \hat{i}\,E_{x0}\cos(kz - \omega t + \delta_x) + \hat{j}E_{y0}\cos(kz - \omega t + \delta_y)$$

E는 전기장의 진폭, δ는 위상, ω는 각진동수, k는 파수를 나타낸다. 이 표현법을 활용해 편광 상태를 나타낼 수 있으며 다음과 같이 분류할 수 있다.

[표 2-4] 수학적으로 나타낸 편광의 종류

편광의 종류	진폭	위상
직선 편광 (45°)	$E_{x0} = E_{y0}$	$\delta_x = \delta_y$
직선 편광	$E_{x0} \neq E_{y0}$	$\delta_x = \delta_y$
원형 편광	$E_{x0} = E_{y0}$	$\delta_x = \delta_y \pm 90°$
타원 편광	$E_{x0} \neq E_{y0}$	$\delta_x \neq \delta_y$

Ellipsometry에서는 45°직선 편광인 빛을 시료에 입사하여 반사된 타원 편광인 빛의 각 방향에 대한 진폭 및 위상의 변화를 측정함으로써 시료의 광특성이나 박막 두께 등을 분석하는 기술이다. 다만, 각 성분의 진폭이나 위상을 직접적으로 측정하지 않고, 각 성분의 진폭비와 위상차를 측정한다.

시료에 대해 전자기파의 편광 상태를 표현할 때는 xy 좌표계 대신 시료에 평행한 p파와 수직인 s파로 나누어 두 성분을 갖는 벡터(Jones vector)로 나타내며, 이를 적용하여 편광 상태의 변화를 편광 행렬(Jones matrix)로 나타내면 다음과 같다(r: 반사계수).

$$\begin{pmatrix} E^{p}_{refl}\, e^{i(kz - wt + \delta^{p}_{refl})} \\ E^{s}_{refl}\, e^{i(kz - wt + \delta^{s}_{refl})} \end{pmatrix} = \begin{pmatrix} \gamma_p & 0 \\ 0 & \gamma_s \end{pmatrix} \begin{pmatrix} E^{p}_{i}\, e^{i(kz - wt + \delta_i)} \\ E^{s}_{i}\, e^{i(kz - wt + \delta_i)} \end{pmatrix}$$

이를 통해 복소반사계수비(ρ)를 다음과 같이 정의할 수 있고

$$\rho \equiv \frac{\gamma_p}{\gamma_s} = \left| \frac{\gamma_p}{\gamma_s} \right| e^{i(\delta^{p}_{refl} - \delta^{s}_{refl})}$$

이를 "Ellipsometry 함수"라고도 부른다. 이 식에서 분석 대상이 되는 물리량인 tanψ와 Δ는 다음과 같이 정의한다.

$$\tan\psi \equiv \left| \frac{\gamma_p}{\gamma_s} \right|, \qquad \Delta \equiv \delta^{p}_{refl} - \delta^{s}_{refl}$$

즉 Δ는 실제 위상차를 각으로 나타낸 것이고, tanψ는 진폭 변화의 비율을 tangent 각으로 변환하여 나타낸 것이다. Ellipsometry에서는 입사광의 파장에 따른 tanψ와 Δ를 측정한다.

tanψ와 Δ는 입사광의 파장이 같더라도 박막 조건에 따라 다른 값을 보일 수 있다. 이때 박막 시료의 조성을 알고 있을 경우 이에 대한 수학적 분산 모델을 수립하여 박막 조건(두께, 밀도 등)에 따른 tanψ와 Δ의 이론값을 함수로서 도출할 수 있다. 도출한 이론값에 대한 함수를 ellipsometry의 측정값과 비교하면서 두 값이 일치하는 조건을 확인하는 fitting의 과정을 거치면 두께, 밀도 등의 박막 조건을 알아낼 수 있다.

이러한 Ellipsometry의 측정 원리를 도식화하면 다음과 같다.

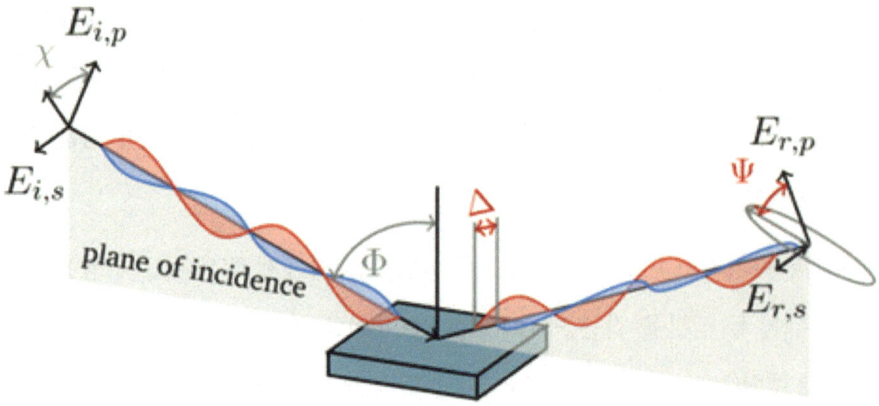

[그림 2-21] Ellipsometry의 작동 원리에 대한 모식도

빛의 편광 특성 변화는 빛의 파장과 매질에 따라 다르기 때문에, 흡수율이 매우 큰 특정 파장 영역대에서는 분산 모델의 수립이 불가능한 경우가 발생하므로 이를 제외하고 측정하기도 한다. 예를 들어 짧은 파장의 빛에 대한 흡광도가 매우 큰 박막의 경우 적외선과 근적외선 영역대의 측정 결과만을 활용해 두께 분석을 수행할 경우 정확도가 높아진다. 또한 분산 모델의 수식은 사용되는 광원의 파장 영역대 뿐만 아니라 매질(박막)의 유전율에 대한 물리적 해석 방법 등에 따라 매우 다양하게 존재한다. 대표적인 분산 모델에는 Lorentz harmonic oscillator model, Drude free-electron model, Cauchy model, Selmeir model, Forouhi-Bloomer model, Tauc-Lorentz model 등이 있다. 적절한 모델과 분산식을 활용한 ellipsometry 분석법은 박막의 두께에 대해 수 Å대의 정확도를 보인다.

* 반사계수: 실제로 박막의 표면에서 반사된 빛은 무한 다중반사된 빛들의 합이다. 파장 λ를 가진 빛이 두께 d, 굴절률 N_1의 박막에서 반사될 때의 전체적인 반사계수는 다음과 같은 무한급수로 표현할 수 있으며, 이를 반영해 반사계수를 정의하면 다음과 같다.

$$r = r_{12} + t_{12}t_{21}r_{23}e^{-i2\beta} + t_{12}t_{21}r_{21}r_{23}^2e^{-i4\beta} + t_{12}t_{21}r_{21}^2r_{23}^2e^{-6\beta} + \cdots$$

$$by\ Taylor\ expansion: r = \frac{r_{12} + r_{23}e^{-i2\beta}}{1 + r_{12}r_{23}e^{-i2\beta}}$$

이때 β는 박막 내에서 진행할 때 발생하는 위상변화를 의미하며 다음과 같이 나타낸다.

$$\beta = 2\pi\left(\frac{d}{\lambda}\right)N_1\cos\theta_1$$

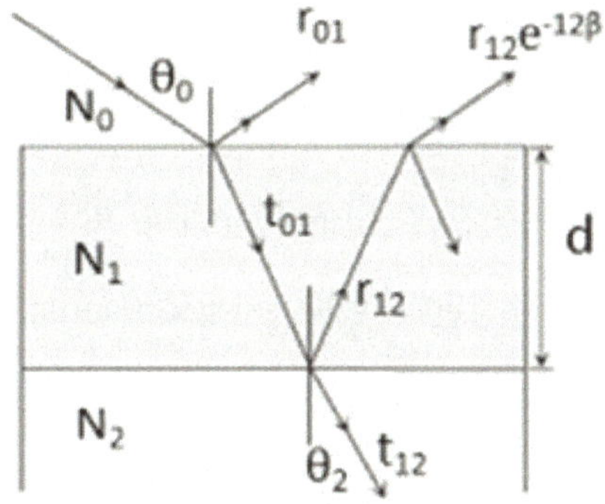

[그림 2-22] 다중반사 모식도

2.1.4. Atomic Force Microscopy

Atomic Force Microscopy(AFM)는 주사 탐침 현미경(Scanning Probe Microscopy)의 일종으로, 탐침과 시료 표면 사이의 Van der Waals 힘을 이용해 시료 표면의 형상을 매우 정밀하게 분석할 수 있는 장비이다.

(1) AFM의 동작 원리

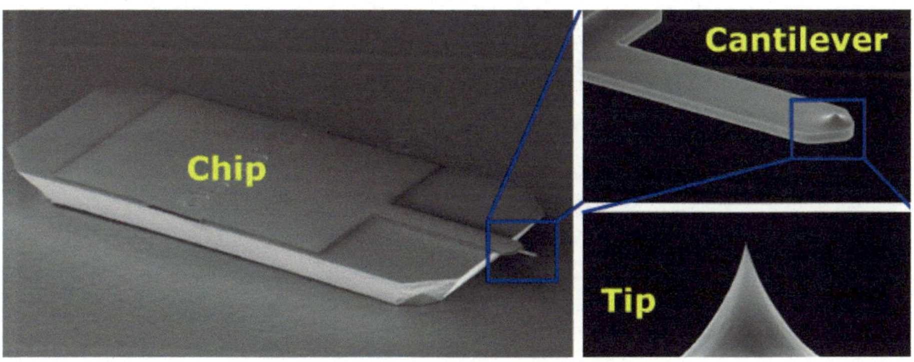

[그림 2-23] AFM에 사용되는 탐침

AFM에 사용되는 탐침은 수십 μm 길이의 납작한 막대인 cantilever에 꼭짓점의 반지름이 수 nm인 뿔 모양의 tip이 달려 있는 형태이다(그림 2-23). Tip과 시료 표면 사이에 작용하는

Van der Waals 힘은 특정 거리(r_0)에서 0이 되며 $r<r_0$의 경우 척력이, $r>r_0$의 경우 인력이 작용한다. 따라서 tip이 시료 근처에 접근하면 인력이 작용해 cantilever가 표면 방향으로 휘어지고, 더 가까이 접근하면 척력이 작용해 반대 방향으로 휘어진다.

이러한 휘어짐은 cantilever의 뒷면에 조사된 레이저가 반사되는 위치가 변하는 것을 감지함으로써 측정된다. 이때 position-sensitive photodiode (PSPD)가 사용된다. 레이저의 반사 위치가 좌우/상하로 치우침에 따라 cantilever의 좌우/상하 편향을 정량적으로 측정한다. AFM은 cantilever를 수평 방향으로 주사(scan)하면서 휘어진 정도가 일정하도록 탐침의 높이를 조절하며, 이 높이 정보를 저장함으로써 시료의 표면 형상을 측정한다.

(2) AFM의 동작 방식에 따른 분류

AFM의 동작 원리인 Van der Waals 힘은 Lenard-Jones potential로 표현할 수 있다(그림 2-24). AFM의 동작 방식은 Van der Waals 힘의 사용 방식에 따라 다음과 같이 크게 3가지로 분류할 수 있다.

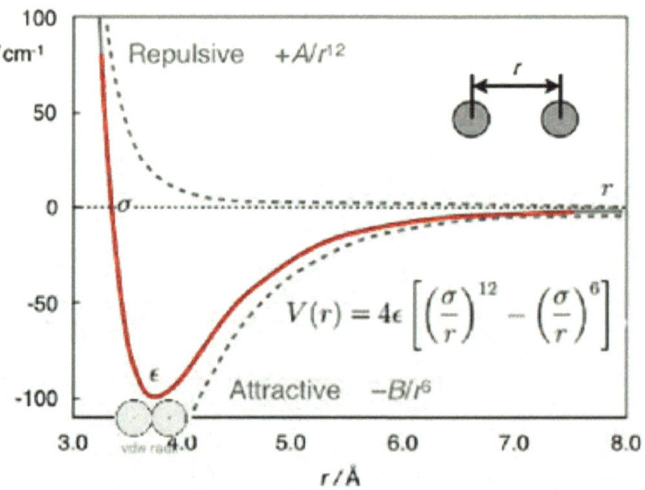

[그림 2-24] 두 물체 사이의 거리에 따른 Lennard Jones Potential과 Van der Waals 힘 그래프

① **Contact Mode:** 가장 먼저 개발된 AFM mode로, 시료 표면에 tip을 직접 접촉(contact)하여 측정하는 방식이다. 시료 표면 사이에 척력이 작용하는 거리에 tip이 위치하고 있으

며, 이로 인해 발생하는 cantilever의 휘어짐을 일정하게 유지함으로써 tip-sample 거리를 일정하게 유지한다. Tip이 시료에 직접 접촉하기 때문에 tip의 수명이 짧다는 단점이 있다.

② **Non-Contact Mode (NCM):** Non-Contact Mode는 tip과 시료 표면 사이에 인력이 작용하는 거리에서 tip과 시료 표면 사이의 거리를 일정하게 유지시키면서 탐침을 주사한다. 이때 AFM은 tip을 일정한 진동수로 진동시킴(modulation)으로써 tip과 시료 표면 사이의 거리를 확인하고, 피드백 회로를 통해 이를 일정하게 유지한다. Tip modulation를 통한 tip-sample 거리(r) 확인의 원리는 다음과 같다. r의 변화에 따라 Van der Waals 힘의 크기가 변하며, 이로 인해 tip의 용수철 상수가 변한다. 또한 물체의 고유진동수는 해당 물체의 용수철 상수로 나타낼 수 있으며, 두 관계는 다음과 같이 표현된다.

$$f_{eff} = \sqrt{\frac{k_{eff}}{m}} \qquad where \qquad k_{eff} = k_0 - \frac{dF}{dz}$$

위 관계식에 의하면, tip-sample 거리가 변화함에 따라 tip의 고유진동수 f_0가 f_{eff}로 변한다.

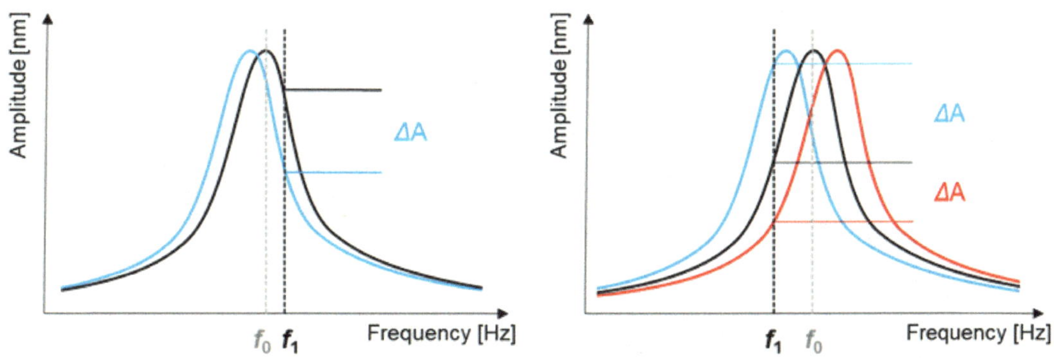

[그림 2-25] NCM(좌)과 Tapping mode(우)에서의 고유진동수 변화에 따른 진폭 변화

NCM에서는 tip-sample interaction이 인력으로서 작용하는 영역에서 동작하기 때문에 (dF/dz > 0) tip-sample 거리의 변화에 따라 항상 keff<k0의 관계를 만족한다. 따라서 AFM이 $f_0<f_1$인 일정한 진동수 f_1으로 tip을 modulation하게 되면 r이 작아짐에 따라 f_{eff}가 커져 진폭이 점점 커지게 된다(그림 2-25). 이때 진폭을 일정하게 유지하도록 피드백 회로가 동작하며,

이를 통해 변화하는 탐침의 높이를 기록함으로써 시료 표면의 형상을 이미지화한다.

③ **Tapping Mode:** Tapping mode는 intermittent contact mode라고도 불리며, tip modulation을 통해 tip-sample 거리를 확인함과 동시에 간헐적으로 tip이 시료 표면과 접촉하는 방식을 말한다. 해당 모드에서는 NCM에서보다 훨씬 큰 진폭으로 tip을 modulation하기 때문에 간헐적으로 척력이 작용하는 매우 가까운 거리까지 tip이 시료 표면에 접근(시료 표면에 접촉)하게 된다. tip이 순간적으로 척력이 작용하는 거리에 진입하게 되면 NCM에서와는 반대로 $f_{eff}>f_0$가 된다. 이때 f_0보다 작은 진동수 f_1에서 tip을 modulation하게 되면 r의 변화에 따라 진폭의 증가와 감소를 모두 탐지할 수 있기 때문에 NCM에 비해 시료 표면의 형상을 더욱 민감하게 측정할 수 있다. 그러나 NCM에 비해 tip을 빠르게 뭉툭하게 만들어 소모성 부품인 tip의 수명이 짧은 편이다.

AFM은 Van der Waals 힘 외에도 전자기력, 전류, 마찰력 등 다양한 물성을 활용해 시료 표면 형상 뿐만 아니라 표면 전위, 일함수, 마찰력, 전류 밀도 등 다양한 물성의 측정이 가능하다.

2.2. 실험 목적

열증착기를 활용해 수십 nm 두께의 유기 단분자 박막을 형성하는 공정을 이해한다. 나노 박막의 접촉각 측정을 통해 박막 표면 에너지를 도출한다. Ellipsometry, AFM을 활용해 박막 두께를 측정한다.

2.3. 실험 준비물

○ **실험 도구:** Cleaned silicon wafer, organic molecule source (Tris(8-hydroxyquinoline)aluminum(III), Alq_3)

○ **사용 장비:** Thermal evaporator, contact angle meter, ellipsometry, AFM

2.4. 실험 과정

2.4.1. 유기 박막 증착

① **[기판 준비 및 세척]** Silicon wafer를 적당한 크기로 자른 뒤 acetone, IPA, DI water에 담아 각각 15분 간 sonicator로 세척한다.

② **[증착 준비]** Ceramic boat에 Alq_3 source를 담아 지정된 포트에 loading하고, 준비된 기판은 샘플 홀더에 부착하여 증착기 내부 카세트에 장착한 뒤 펌프를 작동시켜 챔버 내부를 진공화한다.

③ **[유기 박막 증착]** 챔버 진공도가 5.0×10^{-7}Torr에 도달하면 boat에 전류를 흘려 증착을 시작한다. (목표 두께: Alq_3 40nm / 약 0.2Å/s)

2.4.2. 박막 분석 – 접촉각 측정

① **[두께 측정 – Ellipsometry]** Ellipsometry를 활용해 Alq_3 박막의 두께를 측정한다.

② **[두께 측정 – AFM]** AFM을 활용해 Alq_3 박막의 두께를 측정한다.

③ **[접촉각 측정]** Contact angle meter를 활용해 Alq_3의 DI water, diiodomethane에 대한 접촉각을 측정한다. 이를 활용해 Alq_3의 표면에너지를 구한다.

2.5. 실험 키워드

▽ Organic Molecular Beam Deposition (유기증착공정): Equipment, Process

▽ Surface Energy (γ): Definition & Concept, Dispersion & Polar interaction, Hydrophilicity

▽ Contact Angle Meter: Contact angle (CA), Equations of CA & γ, Relationship between CA & γ

▽ Ellipsometry: Working principle, Measured values, Calculated (Fitted) values

▽ AFM: Working principle, Difference between Ellipsometry

참고문헌

1. Benzene orbital delocalization [Wikimedia Commons]
2. Contact angle [Wikimedia Commons]
3. Contact angle of diiodomethane and water [Nanoscience]
4. Contact angle meter [Hychem]
5. Spectroscopic ellipsometry lab, Otto-von-Guericke-University Magdeburg Universitätsplatz 2
6. R. Hoxha, Spectroscopic ellipsometry as a versatile tool to study thin films grown by atomic layer deposition
7. A pedant's (Christmas) guide to AFM probe terminology, Nu Nano
8. J. Zhang, Canonical dual theory applied to a Lennard-Jones potential minimization problem

제3절
그래핀 전사 공정

합성한 2차원 나노 박막을 원하는 기판 위로 어떻게 옮길까?

3.1. 실험 배경

3.1.1. 2차원 나노 소재

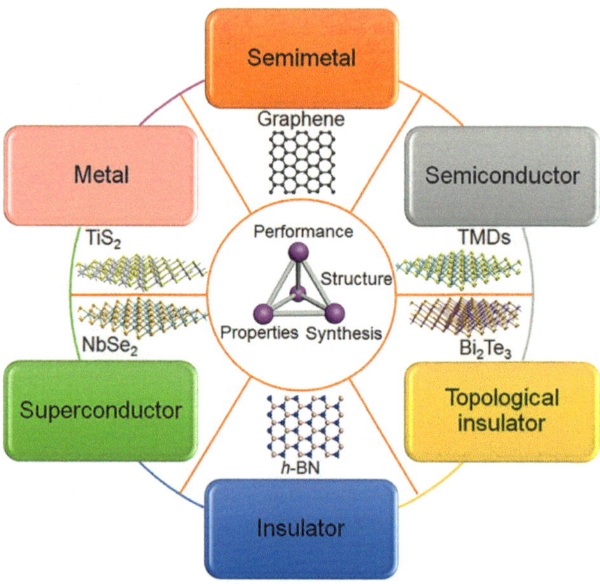

[그림 2-26] 전기적 특성에 따른 2차원 물질의 분류

2차원 나노소재는 원자 단위의 두께를 갖을 때 새로운 물성이 발현되는 신소재군을 의미한다. 흑연의 낱장을 구성하는 그래핀이 대표적이다. 그래핀의 전하이동 특성은 흑연의 그것과는 다른 독특한 성질을 나타낸다. 기존 소재로 달성하기 어려운 고유한 특성을 나타내는 경우가 많아 2차원 나노소재는 나노과학, 전자공학, 화학공학, 생물공학 등 다양한 분야에서 큰 관심을 모으고 있다. 2차원 나노소재는 원자 또는 분자 단위의 수층으로 이루어지며 각층의 두께는 0.3~0.7nm 정도에 불과하다. 이로 인해 소재의 부피 대비 표면적 비율 (surface-to-volume ratio: S/V)이 굉장히 높다.

2차원 나노소재는 그림 2-26처럼 소재가 갖는 전기적 특성에 따라 여러 가지로 분류할 수 있다. 먼저 많이 알려진 그래핀의 경우 금속과 비금속의 중간적인 준금속(semimetal) 특성을 갖으며 매우 높은 전기전도도를 나타낸다. 전자 이동도 (mobility)가 200,000 ㎠/Vs로 굉장히 높기에 이를 이용한 다양한 전자 소자 응용이 연구되고 있다. 2차원 소재의 일종인 전이금속 디칼코게나이드(transition metal dichalcogenide, TMD) 군의 소재들은 반도체적 성질에 기반한 우수한 광학특성을 나타낸다. 따라서 전계 효과 트랜지스터뿐만 아니라 광검출기 소자 응용에 널리 이용되고 있다. 이 밖에도 낮은 유전상수와 우수한 절연 특성을 갖는 hexagonal boron nitride(h-BN), 초전도현상을 보이는 $NbSe_2$, 위상학적 절연체인 $BiTe_2$ 등 2차원 소재의 독특한 물리적, 전기적 특성을 이용해 차세대 전자소자를 개발하려는 시도가 활발히 이루어지고 있다.

현재 사용하는 실리콘 기반 메모리 소자 및 논리 소자들은 집적도를 보다 높이기 위해 3차원 적층을 하고있다. 실리콘 적층에서 발생하는 많은 구조 결함에 비해 2차원 나노소재의 경우 적층 구조에 결함이 적고, 전하 트래핑이 거의 없어 전기적 성능이 뛰어나다. 또한 2차원 소재의 경우 적층을 하더라도 기존 3차원 물질의 적층에 비해 굉장히 얇은 두께로 구조 형성이 가능하다. 따라서 현재 플래시 메모리 같은 경우 160단부터 현재 300단 적층을 위한 기술 개발이 요구되는데, 이렇게 단수가 높아질수록 그에 따른 높은 종횡비를 갖는 식각 기술이 뒷받침 되어야한다. 하지만 2차원 물질을 응용하여 적층을 하게되면 높은 단수의 적층에도 수 마이크론 내의 두께를 유지할 수 있다는 장점이 있다. 따라서 2차원 나노소재의 전기적 특성이나 물성적 이점을 이용한 응용소자에 대한 연구가 활발히 진행되고 있다.

3.1.2. 그래핀의 물성과 전자구조

그래핀은 최초로 발견된 2차원 나노소재의 대표주자이다. 그래핀이 보여주는 높은 전자이동도, 열전도도, 강한 기계적 특성, 유연성, 신축성 등의 우수한 성질은 그 내부에 존재하는 전자들의 특이한 성질로 설명할 수 있다. 그래핀을 구성하고 있는 탄소의 최외각 전자 4개 중 3개는 혼성 오비탈을 형성하여 강한 공유결합인 σ 결합을 이루며 남은 1개의 전자는 주변의 다른 탄소와 π 결합을 형성하면서 그림 2-27과 같이 육각형의 벌집 모양 이차원 구조체를 이룬다.

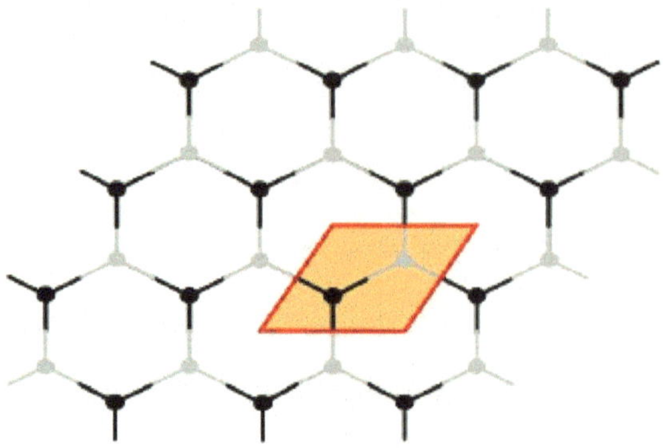

[그림 2-27] 육각형의 벌집모양 격자구조를 가진 그래핀

그림 2-28와 같이 그래핀은 일반적인 물질과는 상이한 디락콘(Dirac cone) 밴드구조를 가지며 밴드갭(bandgap)이 없어 전도성을 보이고있으나, 페르미 준위에서 전자의 상태밀도(DOS)가 "0"인 반금속(semi-metal) 물질이다. 또한 도핑 여하에 따라 쉽게 전하 운반자의 종류를 변화시킬 수 있는 양극성 전도특성(ambipolar conduction)을 띠게 된다. 특히 그래핀의 전자구조는 브릴루앙 영역(Brillioun zone)의 각 꼭지점에서 conduction 밴드와 valance 밴드가 만나 페르미 에너지 근처에서 전자의 모멘텀과 에너지는 서로 비례하는 분산관계 ($E\propto k$)를 가지는 선형적인 에너지-모멘텀 분산관계 (linear energy-momentum dispersion)를 보이는데, 이런 점이 그래핀의 전기적, 광학적 특성을 결정하는 중요한 요소들이다.

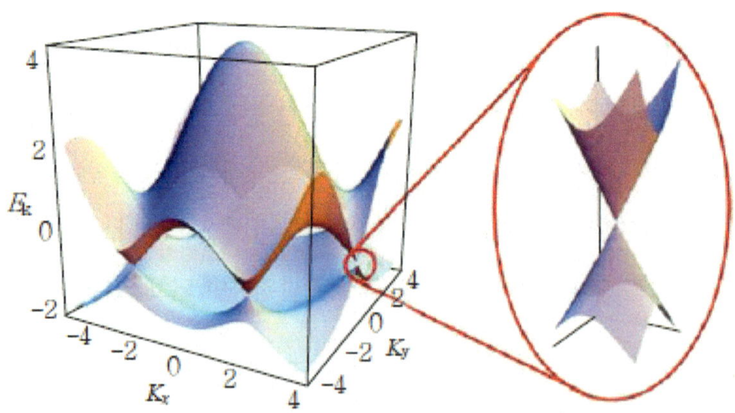

[그림 2-28] 그래핀의 밴드 구조

3.1.3. 그래핀의 합성 및 전사 과정

그래핀은 흑연의 낱장을 구성하기에 흑연을 간단히 박리하여 얻을 수 있다. 스카치테입법은 이를 위한 매우 간단한 기계적 박리법이다. 흑연 플레이크 (graphite flake)를 스카치테입에 올린 후 수 차례 접었다 폈다를 반복한 후, 테입을 Si-wafer에 올리고 플레이크 자국이 남아 있는 부분을 문질러 준 후 테입을 제거하게 되면 그림 2-29와 같이 한 층의 그래핀부터 다층의 그래핀을 광학 현미경을 통해 관찰할 수 있다. 위의 방법이 가능한 이유는 그래핀의 원자구조를 살펴보면 알 수 있다. 앞서 설명한 바와 같이 그래핀 은 2차원 평면상으로 3개의 탄소 원자들이 강한 공유결합을 형성하는 반면 수직인 방향으로는 상대적으로 약한 반데르발스 힘으로 연결되어 있어 층간의 마찰계수가 매우 낮아 스카치테입의 약한 접착력으로도 분리가 가능하게 되는 것이다. 하지만 이와 같은 방법으로 제조된 그래핀 층은 크기와 형태를 제어할 수 없기 때문에 대면적 소자로의 응용에 어려움이 있다.

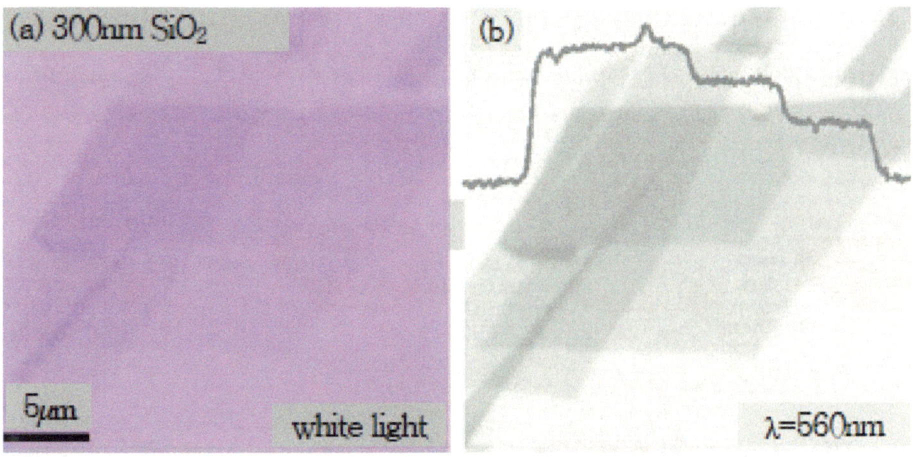

[그림 2-29] 스카치테입법을 통해 Si-wafer 기판에 박리된 그래핀

2009년 기상화학증착법(Chemical Vapor Deposition, CVD)을 통해 그래핀의 대면적 성장이 가능해졌다. 그래핀의 대면적 성장이 이루어지면서 실제적인 소자응용 연구가 활발히 이루어지고 있으며, 다양한 분야의 연구자들의 참여도 활발히 이루어지기 시작했다. 그림 2-30은 CVD 성장법을 이용한 그래핀의 성장과 다양한 기판으로의 전사 과정을 보여준다. 우선 Ni, Cu, Pt 등과 같은 탄소를 잘 흡착하는 전이금속을 촉매층으로 준비한 후 1,000℃ 이상의 고

[그림 2-30] CVD-그래핀이 표면에 합성된 구리 호일

온에서 H_2 가스를 흘려 Cu foil 어닐링 과정을 통해 표면의 불순물들을 날리고 Cu 크리스탈 배열을 고르게 만든다. 이후 CH_4, Ar의 혼합가스를 적당량 주입한다. 여기서 CH_4 가스는 그래핀 형성을 위한 탄소 공급을, Ar은 반응 후 나온 부산물들을 옮기는 carrier gas 역할을 한다. 고온에서 주입된 혼합가스에서 탄소가 촉매층과 반응한 후 급냉되면 촉매로부터 탄소가 떨어져 나오면서 표면에 그래핀이 성장된다. 경우에 따라 주입되는 가스 종류, 주입속도, 합성 온도, 합성 시간, 냉각 속도 등 많은 변수에 의해 한 층 (monolayer) 혹은 여러 층 (multilayer) 등 여러 구조의 그래핀이 합성되기 때문에 정확한 조건을 확립하는 것이 까다롭지만 대면적으로 이차원 소재를 만들 수 있어 대량생산에 용이하여 대면적 소자 구현에 꼭 필요한 기술이다. 최근에는 PE-CVD, ICV-CVD, LP-CVD 등 다양한 CVD 성장법을 연구하여 고품질의 대면적 그래핀을 저온에서 성장하기 위한 연구가 진행 중이다.

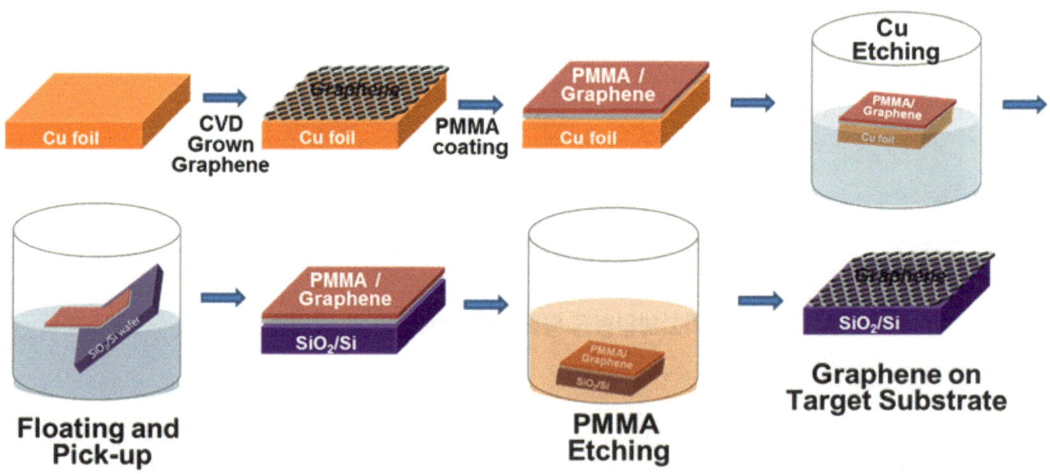

[그림 2-31] CVD 성장법을 이용한 그래핀의 성장, 그리고 원하는 기판으로의 전사

이 후 식각용액(etchant)을 활용해 촉매층(Cu foil)을 제거하게 되면 그래핀을 분리하여 원하는 기판에 전사할 수 있다. 이를 위해 우선 Cu foil의 한 쪽면을 O2 플라즈마를 이용해 처

리한다. 이는 Cu foil의 양면에 자란 그래핀 중 한쪽을 지워 이후 식각 과정을 용이하게 한다. 이후 남은 그래핀 위에 스핀코팅을 통해 Poly(methyl methacrylate) (PMMA)를 도포한다. PMMA는 Wet 전사 공정에서 그래핀이 수용액의 표면장력에 의해 찢기지 않고 버틸수 있는 지지층 역할을 한다. PMMA가 도포된 그래핀을 Cu etchant에 띄우고 Cu foil을 녹인다. 곧 Cu foil이 녹으며 PMMA/그래핀 구조만 식각용액 위에 남는다. PMMA/그래핀을 Di-water로 옮겨 Cu etchant를 씻어내고, 원하는 기판(예를 들면 Si-wafer)을 이용하여 떠있는 PMMA/그래핀을 떠올린다. 용액으로 젖어있는 PMMA/그래핀 샘플을 건조한 뒤 아세톤으로 PMMA를 녹이면 원하는 기판 위에 그래핀만 남길 수 있다.

3.2. 실험 목적

이차원 나노소재의 전사공정을 이해한다. Wet transfer 공정을 통해 CVD-grown graphene을 원하는 기판 (Silicon wafer)에 전사한다.

3.3. 실험 준비물

○ **실험 도구:** Cleaned silicon wafer, CVD-grown graphene, PET film, PMMA, chlorobenzene, ammonium persulfate(APS), deionized water, acetone, chloroform

○ **사용 장비:** Spin-coater, RIE plasma system, vacuum oven

3.4. 실험 과정

① **[PMMA 용액 제작]** Chlorobenzene에 PMMA를 넣은 뒤 상온에서 12시간 이상 충분히

stirring하여 용액을 만든다. (PMMA 농도: 50mg ml^{-1})

② **[PMMA 도포]** CVD graphene이 증착된 Cu foil을 앞면이 위로 가도록 PET 필름에 부착한 뒤 PMMA를 spin-coating한 뒤, 120°C의 오븐에서 20분간 건조시킨다. (spin-coating: 2000rpm, 60s)

③ **[Backside graphene etching]** PMMA가 도포된 Cu foil을 뒤집어 PET 필름에 부착한 뒤 O_2 plasma etching을 통해 뒷면의 원치 않는 graphene을 제거한다. 이때 PMMA가 도포된 앞면으로 plasma가 새어 들어가지 않도록 테이프로 잘 막아준다.

④ **[Cu etching]** Cu foil을 Cu 면이 아래로 가도록 Cu etchant 용액에 띄운 뒤 Cu가 완전히 etching될 때까지 2~3시간 기다린다. (Cu etchant: APS in DI water, 25~30g L^{-1})

⑤ **[Cu foil cleaning]** Etching이 끝나면 graphene 아랫면의 Cu 찌꺼기, APS 등의 불순물을 제거하기 위해 DI water에 30분간 띄운다.

⑥ **[Graphene transfer]** PMMA로 지지된 graphene을 원하는 기판에 transfer한 뒤 N_2gas를 부드럽게 수직 방향으로 분사하여 graphene 아래의 물을 빼낸다.

⑦ **[Drying]** Transfer가 완료된 기판을 vacuum oven에 넣고 12시간 이상 건조시킨다.

⑧ **[PMMA removal]** PMMA를 acetone에 2~3시간 담그거나 chloroform으로 부드럽게 rinsing하여 PMMA를 제거한다.

⑨ **[N2 blowing]** PMMA가 제거된 graphene 시료를 N_2gas를 부드럽게 분사하여 말린다.

⑩ **[Resistance of graphene]** 서로 다른 두 방법으로 PMMA를 제거한 graphene 시료의 저항을 멀티미터로 측정하여 값을 비교한다.

3.5. 실험 키워드

▽ Graphene: Atomic structure, Electrical properties

▽ CVD: Definition, Process of graphene deposition, Why we use Cu as catalytic substrate for graphene

▽ Graphene wet transfer process

참고문헌

1. X. Li et al. Appl. Phys. Rev. 2017 4 (2), 021306. DOI: 10.1063/1.4983646
2. Md. A. Hossain et al. Nano Mater. Sci. 2020 2 (3), 204-226. DOI: 10.1016/j.nanoms.2019.10.001
3. C. M. Seah et al. Carbon 2014 70, 1-21. DOI: 10.1016/j.carbon.2013.12.073
4. H. H. Kim et al. ACS Nano 2013 7 (2), 1155-1162. DOI: 10.1021/nn306012p
5. M. A. Yoon et al. Sensors 2022 22 (10), 3944; DOI: 10.3390/s22103944

제3장

나노 소자 실험

제1절 반도체 박막 형성

제2절 반도체 박막 특성 분석-1

제3절 반도체 박막 특성 분석-2

제4절 소자 제작 및 측정

들어가는 말

나노 소자 실험에서는 반도체 박막을 형성하고 그 특성을 분석할 수 있는 기본적인 분석법에 대해서 학습한다. 또한 나노소자를 제작하고 측정함으로써 나노 반도체 소재의 응용 사례에 대해서 학습한다.

제1절
반도체 박막 형성

서브 마이크로미터 두께의 반도체 박막은 어떻게 형성할 수 있을까?

1.1. 실험 배경

1.1.1. 페로브스카이트 박막의 형성

(1) ABX_3 금속 할라이드 페로브스카이트 소재

'페로브스카이트 (perovskite)'는 1839년 러시아의 우랄 산맥에서 발견된 $CaTiO_3$ 소재와 동일한 결정 구조를 지닌 소재를 지칭하는 용어로, 페로브스카이트 소재는 오늘날 압전 소자, 이차전지, 메모리 소자 등 다양한 분야에 활용되고 있다. 산화물 페로브스카이트 소재에 비해 금속 할라이드 페로브스카이트 소재는 상대적으로 최근에 보고되었으며, 특히 유무기 복합 할라이드 페로브스카이트 소재는 1970년대 후반 독일의 연구 그룹에 의해서 보고되었다[1]. ABX_3

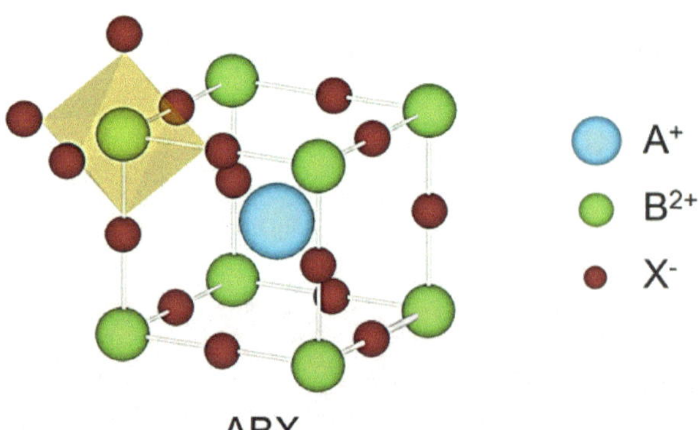

[그림 3-1] ABX_3 페로브스카이트 결정 구조

구조에서 'A'자리에는 유기 양이온 ($CH_3NH_3^+$, $HC(NH_2)_2^+$ 등) 또는 금속 알칼리 양이온 (Rb^+, Cs^+ 등)이 자리하며, 'B'자리에는 전이 금속 양이온 (Sn^{2+}, Pb^{2+}, Ge^{2+} 등)이 자리할 수 있으며, 'X' 자리에는 할라이드 음이온 (F^-, Cl^-, Br^-, I^- 등)이 자리하게 된다. 금속 할라이드 페로브스카이트 소재는 밴드갭을 지닌 반도체 소재이며, 밴드갭의 크기는 주로 전도대 최하단과 가전도대 최상단의 density of state를 구성하는 'B'자리 이온과 'X'자리 이온의 조성에 따라 정해진다.

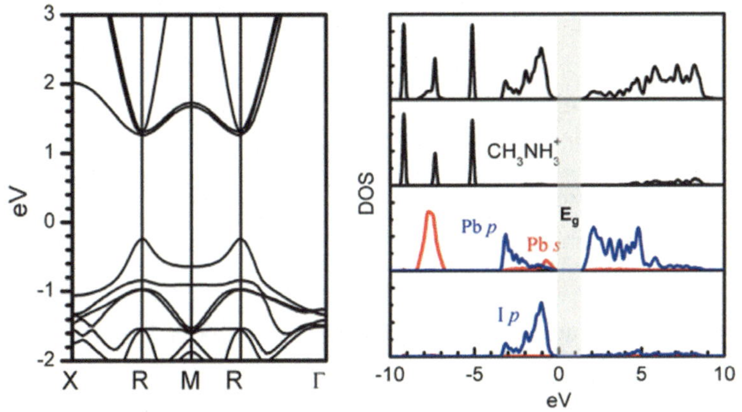

[그림 3-2] $CH_3NH_3PbI_3$ 페로브스카이트 소재의 밴드 구조 및 density of state[2]

(2) 금속 할라이드 페로브스카이트 박막 형성

금속 할라이드 페로브스카이트 소재는 NaCl과 같이 이온성 결합으로 이루어진 이온결정 소재로 극성 용매에 용해될 수 있다. 특히 전구체로 사용되는 PbX_2 소재는 Lewis acid 화합물로 lone pair 전자를 지닌 Lewis base 용매와 Coordinate covalent 결합을 형성할 수 있으며, 이를 통해 형성된 adduct 박막이 결정성장을 제어하는 중간체 상(intermediate phase)으로 활용된다[3]. 그림 3-3에는 PbI_2 용해에 사용된 Lewis base 용매의 종류에 따른 adduct 중간체 상 형성과 그에 따른 용액의 흡광도 변화를 보여준다. 주어진 페로브스카이트 전구체에 대해서 Donor number가 높고 구조적으로 PbX_2와 결합하기 용이한 Lewis base 용매가 상대적으로 우수한 용해도와 complexation 특성을 나타낸다.

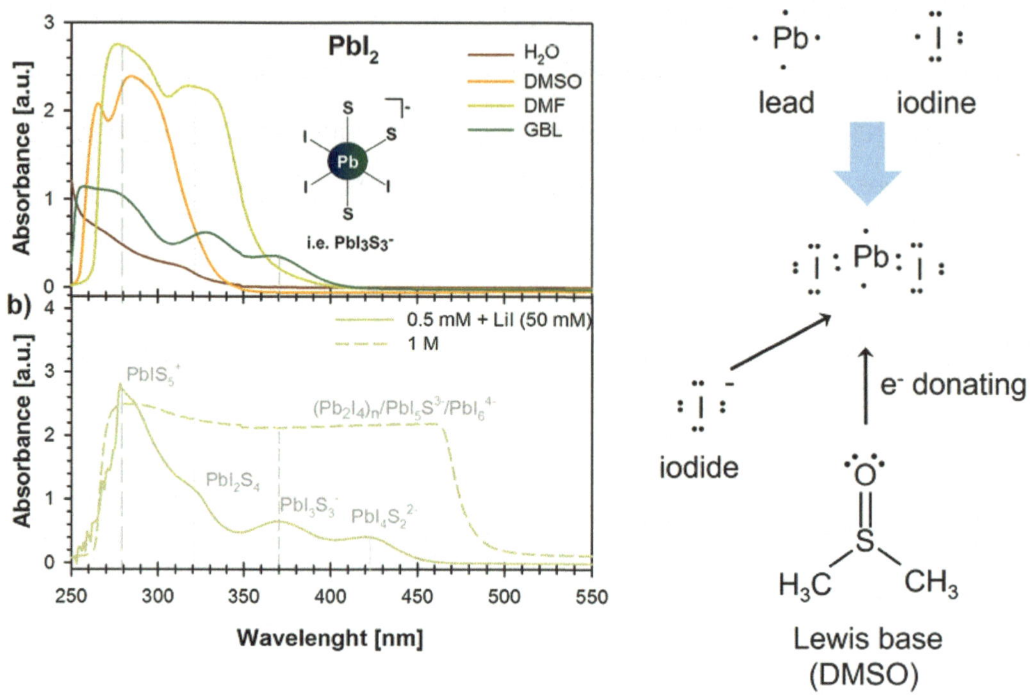

[그림 3-3] Lewis acid-base adduct 형성 및 그에 따른 용액 흡광도 변화 [4]

1.2. 실험 목적

페로브스카이트 반도체 박막 형성을 위한 전구체 용액을 제조하고, adduct 중간체 형성을 통해 균일한 박막을 형성해보자.

1.3. 실험 준비

○ **실험 도구:** ITO substrate, diamond cutter, perovskite precursors (CH_3NH_3I, PbI_2, $PbBr_2$), precursor solvents (N,N-Dimethylformamide, Dimethyl sulfoxide), anti-solvent (diethyl ether), sonicator, acetone, IPA, DI water, spatula, vial

○ **사용 장비:** sonicator, glove box, balance, shaker, O_2 plasma treatment, spin coater, micro pipette, hot plate

1.4. 실험 과정

1.4.1. 기판 및 전구체 용액 준비

① **[기판 준비]** Diamond cutter를 활용해 ITO 기판을 원하는 크기로 자른다(2.4cm × 2.4cm).

② **[기판 세척]** 자른 ITO 기판을 acetone, IPA, DI water에 담아 각각 15분 간 sonicator로 세척한다.

③ **[전구체 용액 준비]** 페로브스카이트 전구체 시약의 양을 제조하고자 하는 전구체 용액의 농도에 맞게 계산하고, 스파츌라를 활용하여 저울로 무게를 달아 vial에 넣는다.

④ **[전구체 용액 준비]** 페로브스카이트 전구체 용액 용매를 micro pipette으로 정량을 채취하여 전구체를 넣어둔 vial에 넣고, shaker를 활용하여 용해시켜둔다.

1.4.2. 페로브스카이트 박막 형성

① **[기판 준비]** Cleaning된 기판을 N_2gun으로 건조하고, O_2plasma 장비에 넣어 플라즈마 처리를 통해 표면을 추가적으로 cleaning하고 친수성 정도를 향상시켜준다 (hot plate 온도 설정).

② **[박막 코팅]** Cleaning된 기판을 스핀코터위에 고정하고, micropipette으로 페로브스카이트 전구체 용액을 도포한다.

③ **[박막 코팅]** 스핀코팅을 시작하기 전에 정량의 반용매를 micropipette을 이용하여 채취하여 준비한다. 스핀코팅을 시작하고, 주어진 시간에 도달하면 정량의 반용매를 떨어뜨린다.

④ **[박막 코팅]** 코팅이 끝난 기판을 스핀코터에서 꺼내어 hot plate위에 올려 열처리를 진행한다. 주어진 온도에서 주어진 시간동안 열처리가 완료되면 기판을 제거한다.

1.5. 실험 키워드

Spin-coating, thin film formation, crystallization, intermediate adduct, anti-solvent, annealing, dry room, glove box

참고문헌

1. D. Weber et al., Z. Naturforsch., 33b, 862-865 (1978)
2. W.-J. Yin et al., Appl. Phys. Lett. 104, 063903 (2014)
3. J.-W. Lee et al. Acc. Chem. Res. 49 (2), 311-319 (2016)
4. S. Rahimnejad et al. ChemPhysChem, 17(18), 2795-2798 (2016)

제2절
반도체 박막 특성 분석-1

반도체 박막의 밴드갭은 어떻게 측정할 수 있을까?

2.1. 실험 배경

2.1.1. 반도체 박막의 광학적 특성

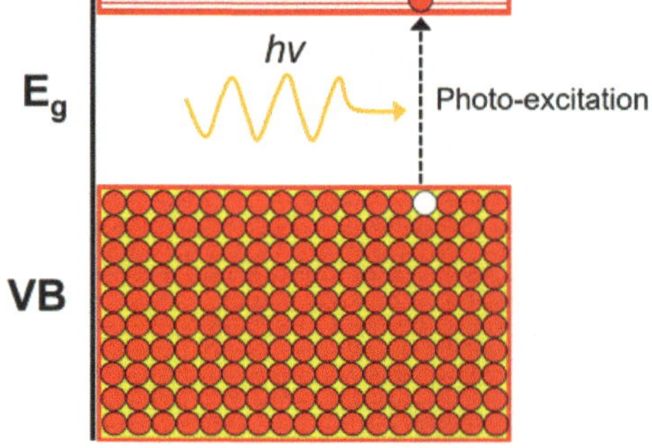

[그림 3-4] 반도체 소재 내 빛에 의한 전자 여기

(1) 흡광 특성

반도체 소재에 밴드갭 (E_g) 이상의 에너지를 지닌 빛이 입사하면 반도체 소재가 빛을 흡수하게 된다. 이때 가전자대(valence band, VB)에 존재하는 전자가 빛 에너지를 전달받아 전도대 (conduction band, CB)로 여기하게되고 이러한 과정을 빛에 의한 여기 (photo-excitation) 과정이라고 한다. 반도체 소재의 빛 흡수 스펙트럼 특성은 해당 소재의 밴드갭, density of state, 밴드 구조에 의해서 결정되며, 그에 따라 소재의 조성, 결정성, 두께 등에 의해서 빛 흡수 스펙트럼의 특성이 변화한다.

특정 소재의 광흡수 특성을 정의하기 위해, Beer-Lambert 법칙에 의해 정의되는 흡광계수 (absorption coefficient, α)가 주로 활용된다.

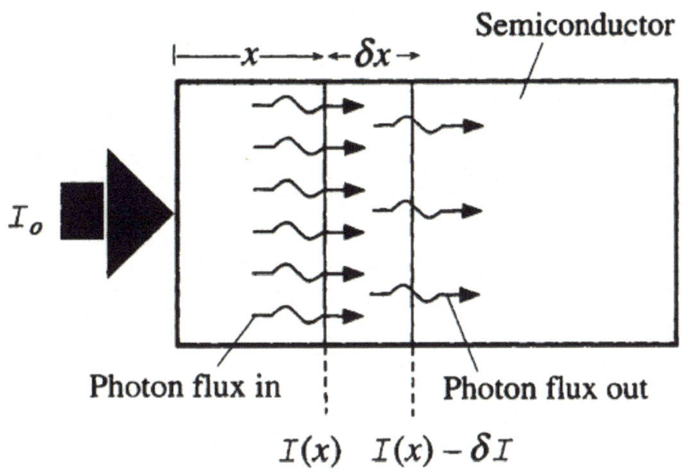

[그림 3-5] 세기가 I_0인 빛이 반도체 소재 내에서 진행함에 따른 흡광 특성[1]

상기 그림 3-5에서, 세기가 I_0 (I_0=hv×photon flux, h는 플랑크 상수, v는 빛의 주파수)인 빛이 반도체 소재에 입사하였을 때, 진행거리 x에 따른 빛의 세기 함수를 I(x)라고 정의하면, 거리 'x'에서 dx만큼의 거리를 추가적으로 진행하였을 때 빛의 세기는 I(x)-dI로 표현할 수 있다. 이때 dI를 absorption coefficient, α를 활용하여 다음과 같이 표현할 수 있다.

$$dI = -aI(x)dx$$

즉, absorption coefficient는 소재 내에서 빛이 단위거리를 이동함에 따라 감소하는 빛의 세기를 나타낸다. 상기 식을 정리하여 적분하면 Beer-Lambert 법칙에 대한 다음 식을 얻을 수 있다.

$$I(x) = I_0 \exp(-ax)$$

위 식에 따르면 소재 내에서 빛이 진행함에 따라 빛의 세기는 exponential하게 감소하고, 이때 거리에 따른 세기 감소 속도는 absorption coefficient, α(단위 cm^{-1})에 영향을 받는다.

앞서 기술한대로 반도체소재는 입사한 빛의 에너지(hv)가 해당 반도체 소재의 밴드갭 에너지보다 클 때 전자를 여기시킬 수 있으며, 흡수하는 빛의 에너지에 대응되는 영역의 density of state에 의해 영향을 받는다. 따라서 반도체 소재의 absorption coefficient는 빛의 에너지가 밴드갭보다 작을때는 낮으며, 밴드갭에 해당하는 영역에서 증가하여 빛의 에너지가 증가할수록 대체로 증가하게 된다.

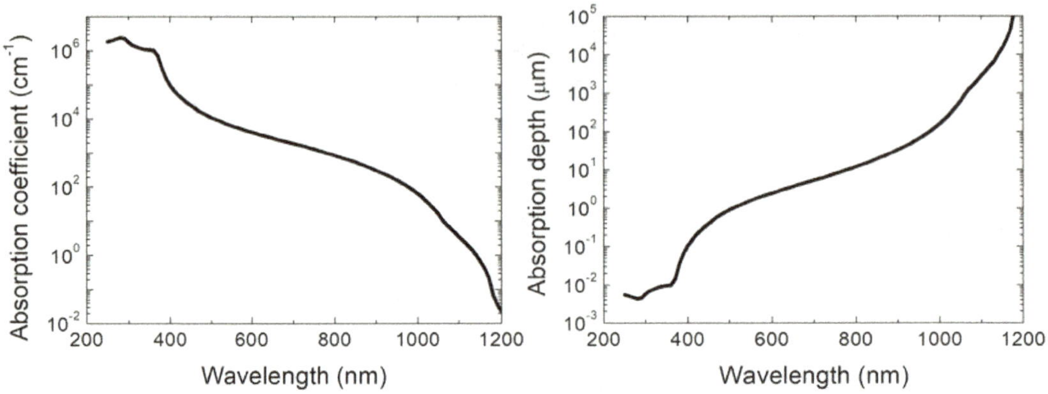

[그림 3-6] 실리콘 (Silicon)의 absorption coefficient 및 absorption depth

그림 3-6은 실리콘의 absorption coefficient를 나타내었다. 실리콘의 밴드갭은 약 1.17 eV로, 그에 해당하는 파장인 약 1100nm 영역대에서 absorption coefficient가 증가하기 시작하여 낮은 파장 영역대로 가면서 증가하는 것을 확인할 수 있다. Absorption depth는 absorption coefficient의 역수로 정의되며, 빛이 매질 내에 진행할 때 초기 세기의 1/e로 떨어지는 거리로 작은 absorption depth는 상대적으로 우수한 빛 흡수 능력을 나타낸다. Tau plot을 활용하며 Absorption coefficient로부터 bandgap을 구할 수 있다. Tau plot에서 absorption coefficient와 빛 에너지의 곱$(\alpha hv)^n$

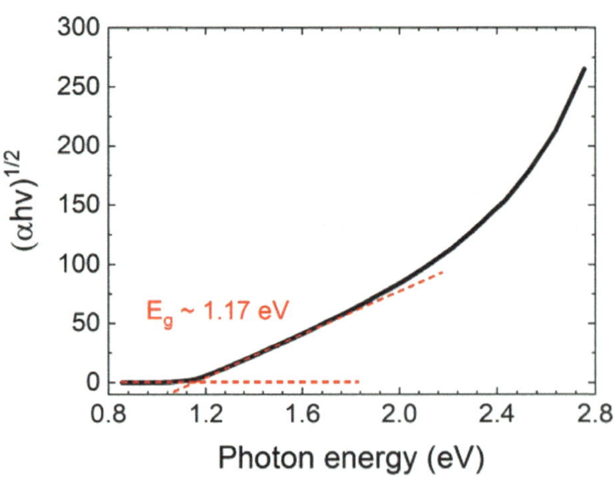

[그림 3-7] Tau plot을 활용한 실리콘의 밴드갭 추정

은 빛 에너지에 따라서 선형적으로 근사될 수 있으며, 이때 n값은 밴드갭 에서의 전이 특성에 따라서 달라질 수 있다. 간접 밴드갭 (indirect E_g)에 대해서는 n값은 1/2, 직접 밴드갭 (direct E_g)에 대해서 n값은 2가 사용된다. 아래 그림 3-7에서는 간접 밴드갭을 지닌 실리콘에 대해서 Tau plot을 활용하여 밴드갭을 도출한 예시를 나타내었다.

Absorption coefficient는 박막의 두께를 알고 있을 때, 측정된 박막의 흡광도를 활용하여 계산할 수 있다. 앞선 absorption coefficient에 대한 식에서, 두께가 d인 박막을 투과한 빛의 세기 I(d)는 다음과 같은 식으로 표현될 수 있다.

$$I(d) = I_0 \exp(-ad)$$

$$\frac{I(d)}{I_0} = \exp(-ad)$$

여기서 $I(d)/I_0$는 박막의 투과도 'T'로 표현될 수 있으며, 그에 따라서 다음과 같이 식을 다시 쓸 수 있다[2].

$$a = \frac{1}{d}\ln\left(\frac{1}{T}\right)$$

2.2. 실험 목적

제작된 페로브스카이트 박막의 투과도를 측정하고, 이를 활용하여 absorption coefficient 와 소재의 밴드갭을 측정해본다.

2.3. 실험 준비

○ **사용 장비:** UV-vis spectrometer, alpha step surface profiler

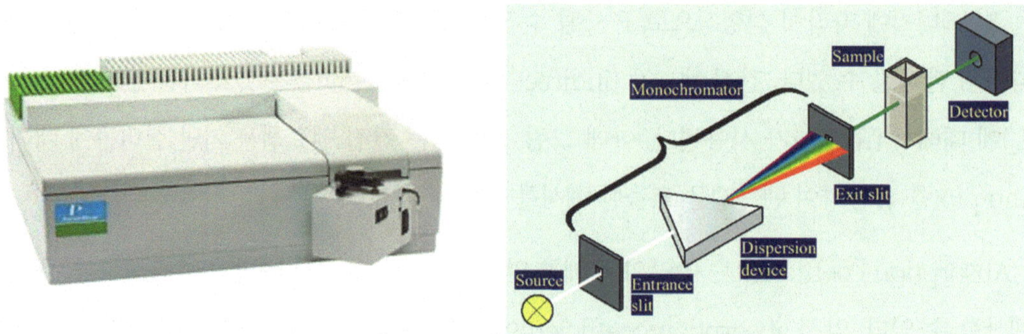

[그림 3-8] UV-vis spectrometer 장비 및 측정원리

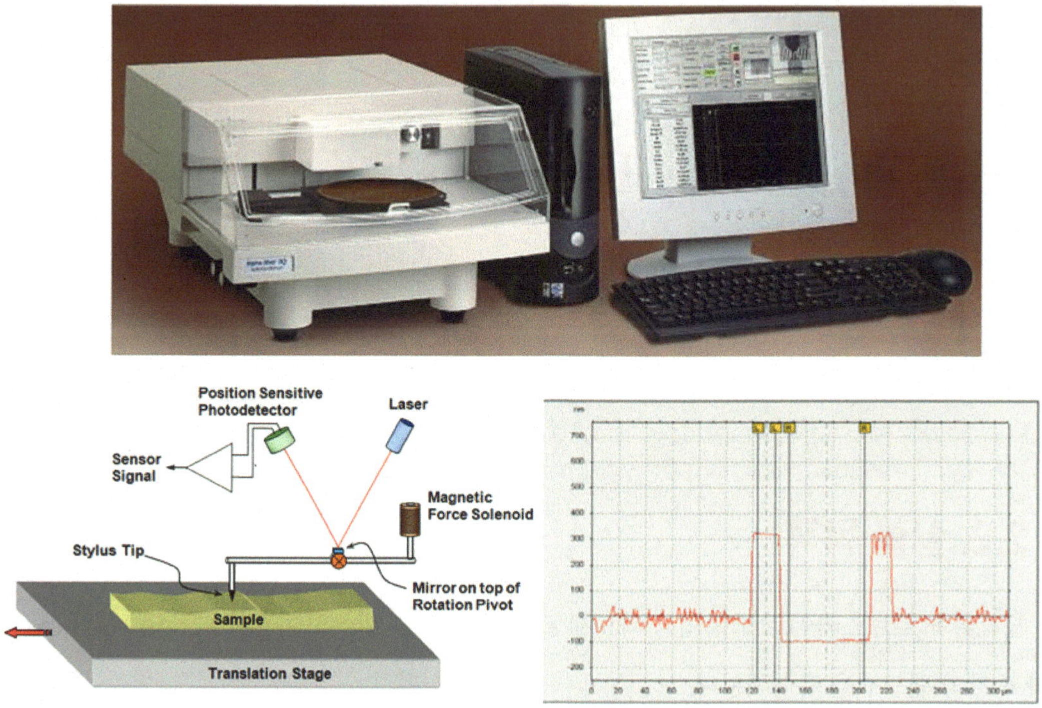

[그림 3-9] Alpha step surface profiler 장비 및 측정 원리

2.4. 실험 과정

2.4.1. 투과도 측정 및 absorption coefficient, E_g 계산

① 앞선 실험을 통해 준비한 페로브스카이트 박막과 baseline으로 활용할 기판을 준비한다.

② UV-vis spectrometer는 장비 전원을 켜고 램프 안정화를 위해 5~10분정도 예열한다.

③ 기판에 의한 빛 흡수 기여를 제거하기 위해 준비한 기판을 샘플 거치대에 장착하고 baseline 측정을 수행한다.

④ 기판을 제거하고, 페로브스카이트 박막이 코팅된 기판을 샘플 거치대에 장착하고 투과도 (또는 흡광도) 측정을 진행하여 데이터를 획득한다.

⑤ Alpha step surface profiler를 활용하여 두께를 측정하기 위해 페로브스카이트 박막의 일부 영역을 면도칼로 긁어서 제거하여 기판과 페로브스카이트 박막 사이에 단차를 형성한다.

⑥ 샘플을 스테이지에 거치하고, 단차가 존재하는 영역으로 이동하여 tip을 접근시킨다.

⑦ 기판과 박막간의 단차 측정을 통해 박막의 두께를 측정한다.

⑧ 획득한 투과도 데이터와 두께 정보를 활용하여 absorption coefficient를 계산하고, 이를 통해 밴드갭을 측정한다.

2.5. 실험 키워드

Absorption coefficient, absorption depth, transmittance, thickness

참고문헌

1. Principles of Electronic Materials and Devices, Third Edition, S.O. Kasap
2. J.-W. Lee et al., Nanoscale, 4, 6642-6648 (2012)

제3절
반도체 박막 특성 분석-2

반도체 박막의 구조적 특성은 어떻게 분석할 수 있을까?

3.1. 실험 배경

3.1.1. 박막의 구조적 특성

(1) 다결정 박막의 구조적 특성

소재의 박막 형성 과정에서 박막의 성장 공정, 성장 조건에 따라서 생성된 박막은 단결정, 다결정, 비정질의 형상으로 형성될 수 있다. 용액 공정을 통해서 형성되는 박막은 많은 경우에 다결정 형상을 띄는데, 그림 10에서와 같이 박막이 용액 내에서 결정화 되는 과정에서 많은 수의 핵 (nuclei)가 생성되고, 각각의 핵이 결정으로 자라 다결정 박막의 그레인 (grain)을 형성하기 때문이다. 박막의 그레인과 그레인 간의 경계영역을 그레인 바운더리 (grain boundary, 결정립계)라고 하는데, 이러한 그레인 바운더리에는 주기적인 배열을 가지는 결정 구조의 단절이 발생하기 때문에 다양한 종류의 결함 (impurity, interstitial, void, vacancy, strained bond, wrong bond, broken bond, dangling bond 등)이 형성될 수 있다.

이렇게 생성된 결함은 반도체 소재가 지니는 고유의 밴드구조에서 변화를 야기한다. 각각의 결함은 에너지 대역에서 고유의 에너지 레벨을 형성하게 되고, 해당 에너지 레벨이 밴드갭 내

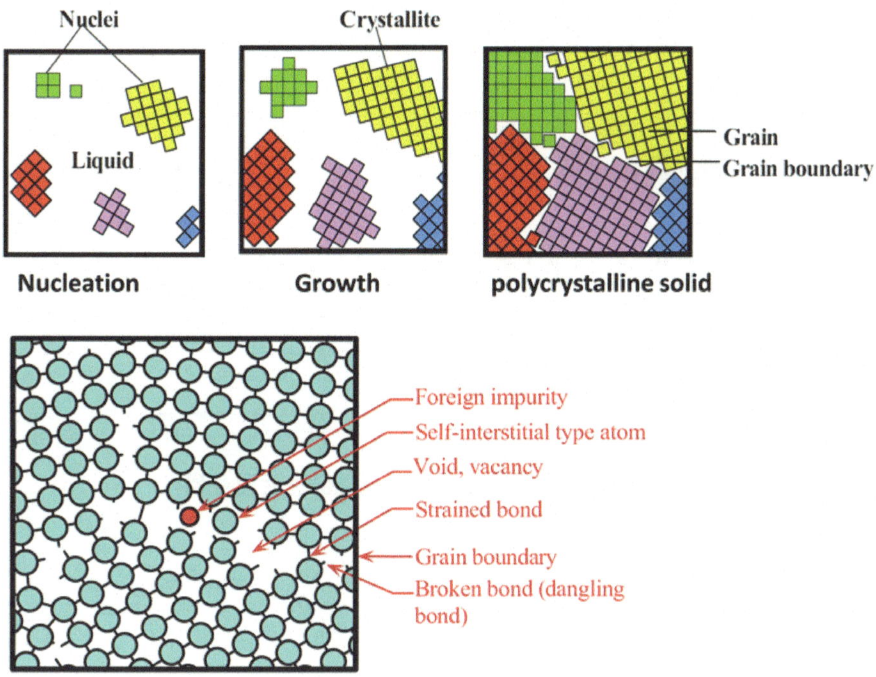

[그림 3-10] 다결정 박막의 형성 과정 [1]

부에 존재할 경우 이를 전하를 트랩할 수 있는 트랩 준위 (trap state)라고 정의한다. 전도대의 최하단, 가전자대의 최상단 대비 생성된 트랩 준위의 에너지 차에 따라서 에너지 차가 큰 경우 deep trap, 에너지 차가 상대적으로 적은 경우 shallow trap 준위로 명명된다. 트랩 준위로 자유전하가 빠질 경우 해당 전하는 다시 전도대 또는 가전자대로 전이하기 위한 에너지(ΔE)가 주어져야만 다시 자유전하 상태가 될 수 있으며, 따라서 deep trap에 빠진 전하의 경우 트랩에서 빠져나오기 위한 에너지가 상대적으로 커 그 확률이 떨어진다. 따라서 반도체 소재 내에 존재하는 deep trap은 자유전하를 구속하여 전하 농도를 감소시키고 전하의 이동도를 저하시켜 전도도를 감소시킨다. 반면 shallow trap의 경우 비교적 적은 에너지를 통해 전하가 트랩 준위에서 벗어날 수 있기 때문에 전하 농도 및 전하이동도에 영향은 상대적으로 적다.

다결정 박막의 그레인 바운더리에 존재하는 결함은 반도체 소재 내 트랩 준위를 형성하는 경우가 많기에, 박막에서의 그레인 크기와 그에 따른 그레인 바운더리 영역의 크기와 특성이 박막의 광학적, 전기적 특성에 지대한 영향을 미친다. 따라서 다결정 박막의 구조적 특성 분석은 박막의 광학적, 전기적 특성의 최적화 과정에서 자주 활용되고 있다.

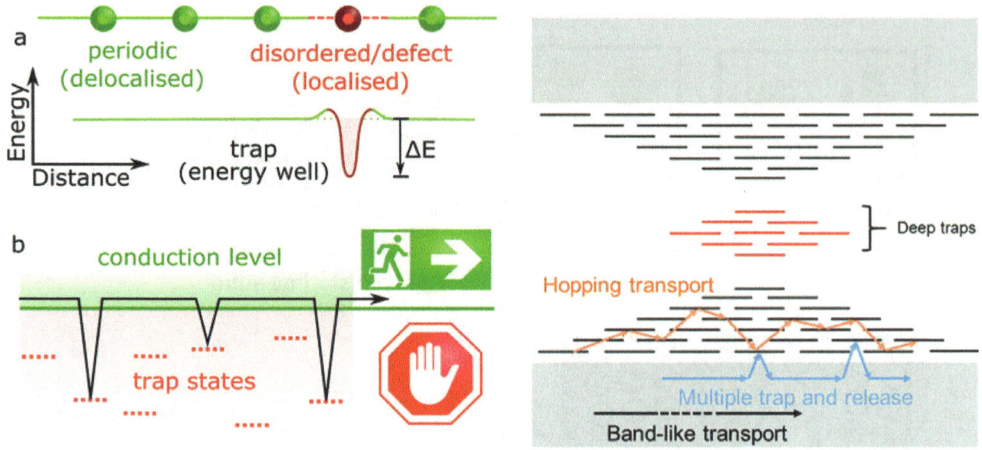

[그림 3-11] 반도체 소재 내에 존재하는 트랩 준위

(2) 전자주사현미경

박막의 그레인 사이즈가 밀리미터 수준으로 충분히 클 경우 광학 현미경으로도 관찰이 가능하다. 하지만 두께가 서브마이크론 수준인 대부분의 박막에서는 그레인사이즈가 수십 나노미터에서 수백 나노미터 수준이기 때문에 일반적인 광학 현미경으로는 관찰이 어렵다. 현미경의 해상도는 Rayeigh criterion에 의해서 사용되는 빛의 파장 (λ)에 의해서 결정될 수 있다.

$$r = \frac{0.61\lambda}{\mu \sin\alpha}$$

μ는 매질의 refractive index (진공의 경우 1, 공기의 경우 1.0003), α는 aperture angle (0-45°)이다. 광학현미경의 경우 가시광을 활용하여 빛의 파장이 400~700nm 사이에 해당하기 때문에 이를 활용하여 얻을 수 있는 가장 우수한 해상도는 약 0.2㎛ 수준이다.

보다 우수한 해상도를 구현하기 위해서 전자 현미경을 활용할 수 있다. 전자는 입자와 같은 성질을 지니는 동시에 빛과 같은 파동의 성질을 지니고 있으며, De Broglie 관계식을 따르면 전자의 파장은 전자의 에너지를 제어함으로써 제어할 수 있다.

$$p = \frac{h}{\lambda}$$

$$E = \frac{p^2}{2m}$$

$$\lambda \sim \frac{1.22}{E^{1/2}}$$

p는 전자의 운동량, h는 플랑크 상수, m은 전자의 무게, E는 전자의 에너지이다. 전자의 에너지는 전자의 가속전압을 제어함으로써 제어할 수 있다. 예를들어 전자를 약 100kV로 가속할 경우 100keV의 에너지를 가진 전자의 파장은 약 0.0037nm로 1,000,000배 이상의 배율에서 높은 해상도 구현이 가능하다.

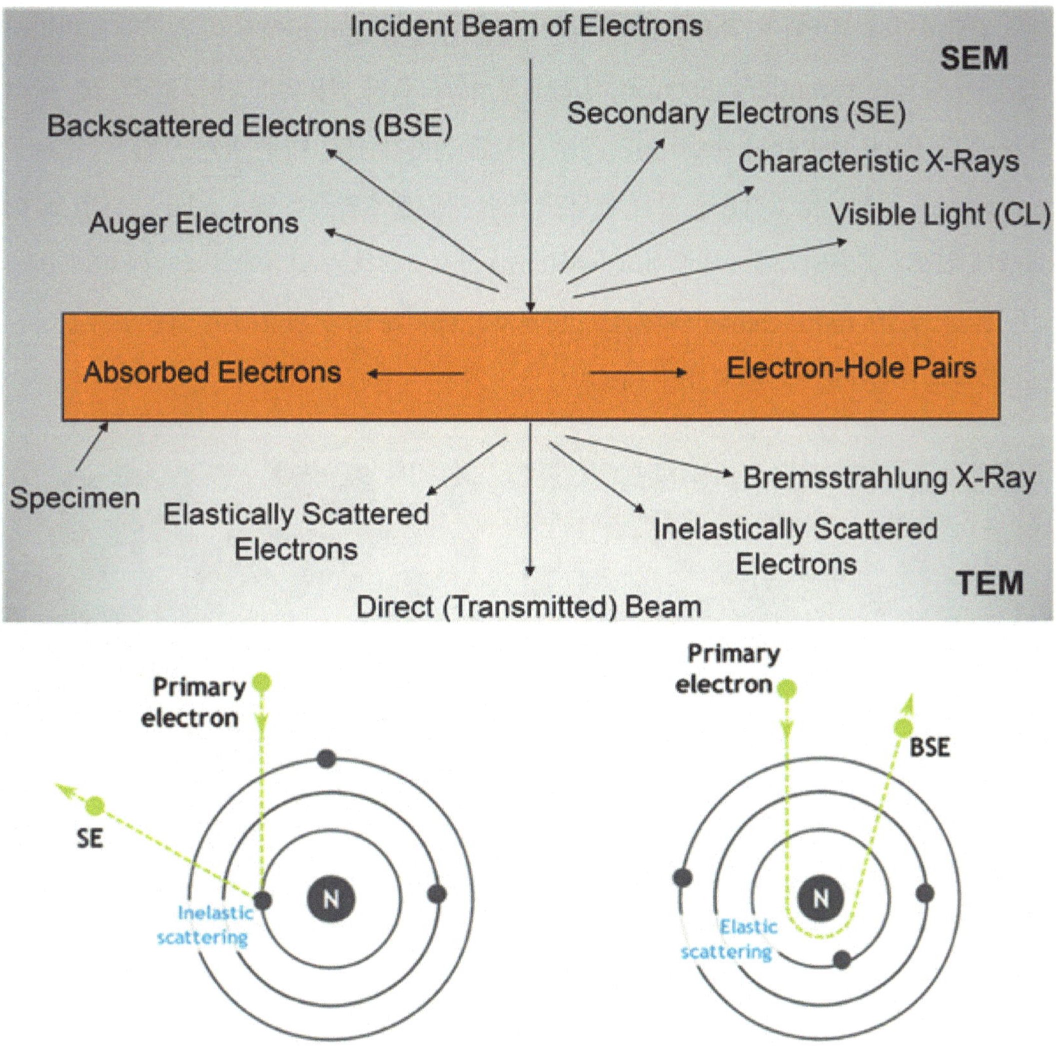

[그림 3-12] 입사하는 전자빔과 샘플간의 상호작용

그림 3-12에는 샘플에 입사하는 전자와 샘플 간에 발생하는 다양한 상호작용에 의한 신호를 나타내었다. 주사전자 현미경 (scanning electron microscopy)의 경우 상대적으로 작은 에너지 (<50keV)를 지닌 전자를 활용하며, 이러한 전자는 대부분 샘플의 표면과 상호작용을 하게 된다. 반면 투과 전자현미경 (transmission electron microscopy)은 샘플을 투과한 전자의 시그널을 활용한다. 주사 전자 현미경을 통한 이미징은 주로 secondary electron (2차 전자) 또는 back scattered electron을 통해서 이루어 진다. Secondary electron 생성은 입사한 전자가 샘플을 구성하는 원자 내에 존재하는 전자와 inelastic scattering을 통해 에너지를 전달하면서 생성되며, 주로 샘플의 상부 표면 영역 (5~50nm)에서 이루어진다. 따라서 샘플에서 나오는 secondary electron 신호를 분석함으로써 샘플의 표면 구조 특성을 분석할 수 있다. Back scattered electron의 경우 입사한 전자가 원자 내 존재하는 핵과의 elastic scattering을 통해서 상호작용을 통해 발생된다. 이 경우 상호작용은 secondary electron 대비 상대적으로 깊은 영역에서 발생하고 (~450nm) 상호작용하는 원자핵의 종류에 따라 발생되는 Back scattered electron 의 신호가 달라지기 때문에 이를 활용하여 샘플을 구성하는 원소의 종류를 분석할 수 있다(그림 3-13 참고).

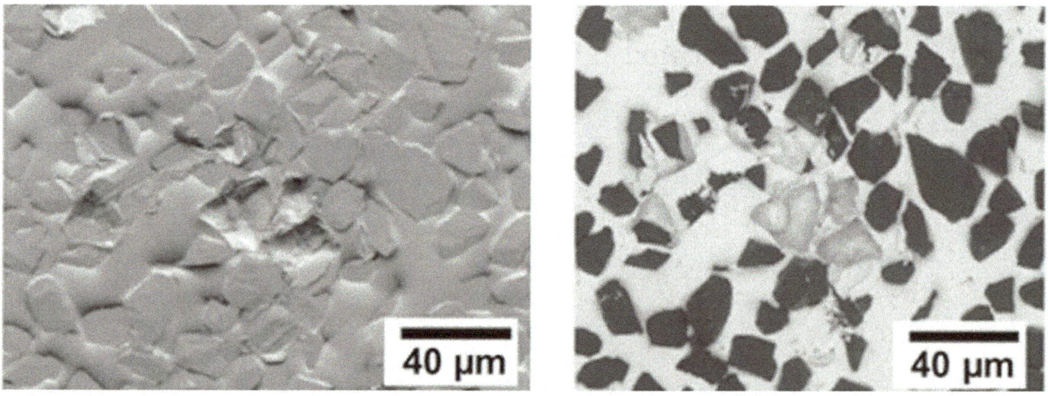

[그림 3-13] Secondary electron을 활용한 표면 형상 이미징 (좌) 및 Back scattered electron을 활용한 조성 이미징 (우); BSE 이미지에 조성이 다른 영역의 밝기가 다르게 나타남을 확인할 수 있음 [1].

입사한 전자에 의해 샘플의 원자 내 존재하는 제거될 경우 상대적으로 높은 에너지 레벨에 존재하는 전자가 해당 에너지 레벨로 전이하면서 초기 에너지 레벨과 최종 에너지 레벨 간의 차에 해당하는 에너지를 방출하게 된다. 이때 방출되는 X-ray의 에너지는 샘플 내에 존재하는 원소의 종류에 따라 달라지기 때문에 에너지의 분포를 분석함으로써 샘플의 구성성분을 분석할 수 있다 (그림 3-14 참조).

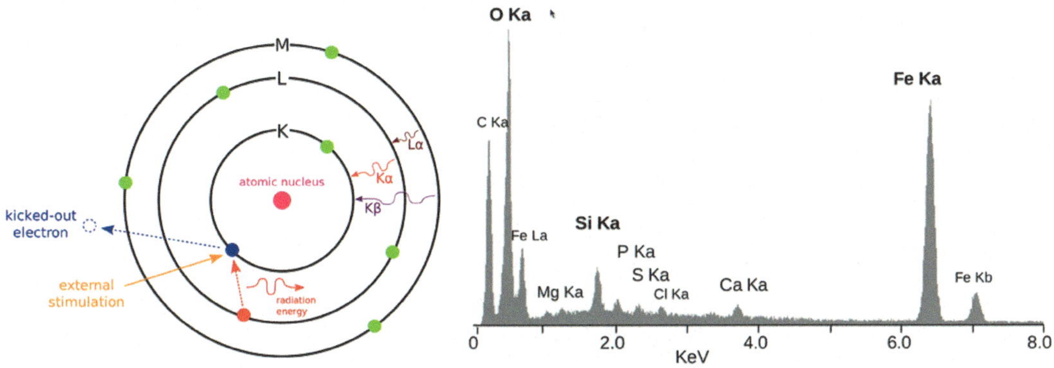

[그림 3-14] 전자 전이에 의한 radiation 생성 및 생성된 radiation spectrum 예시 (각 에너지에 해당하는 원소 추출을 통해 샘플의 조성을 분석)

그림 3-15에는 주사전자현미경 측정 장비의 구조를 나타내었다. 전자는 전하를 지니고 있기 때문에 전기장을 가함으로써 가속 시켜 에너지를 제어할 수 있으며, 전기장 또는 자기장을 활용하여 그 이동 경로를 제어하거나 특정 영역에 포커스 할 수 있다.

3.2. 실험 목적

제작된 페로브스카이트 박막의 표면 형상을 주사현미경 분석장비를 활용하여 분석한다.

3.3. 실험 준비

○ **실험도구:** diamond cutter, carbon tape

○ **사용 장비:** Metal Sputter, Scanning electron microscopy

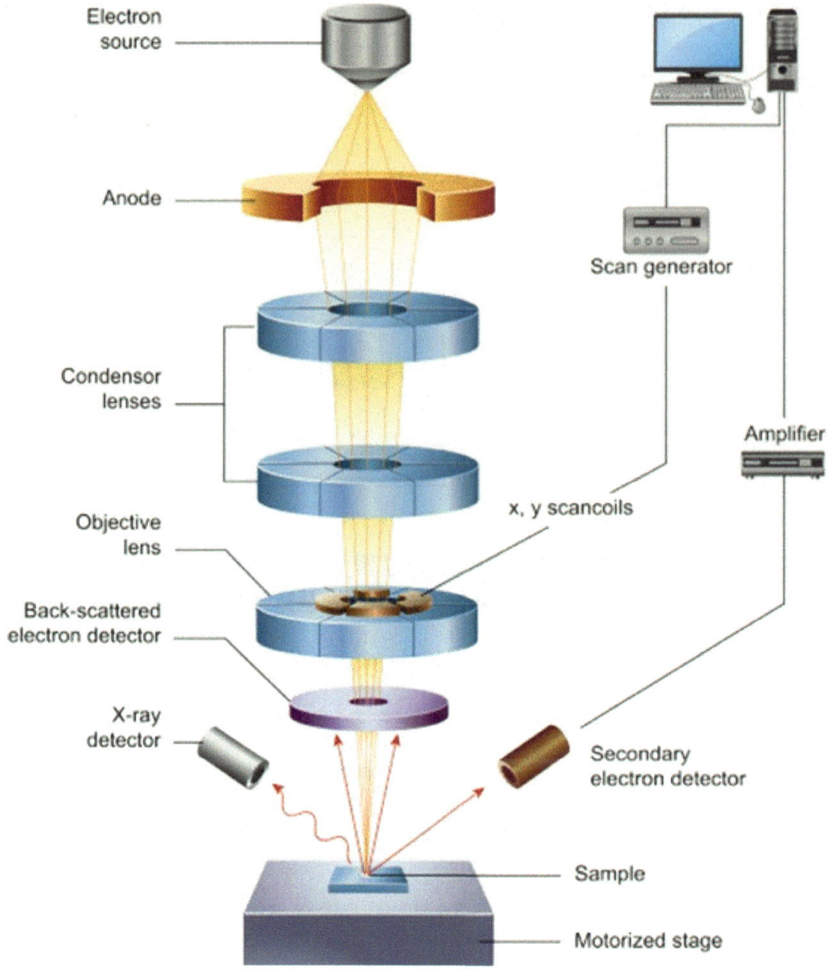

[그림 3-15] 주사 전자현미경 장비 구조도

3.4. 실험 과정

① 앞선 실험을 통해 준비한 페로브스카이트 박막이 코팅된 투명 전도성 기판을 준비하고, 주사 전자현미경 측정을 위한 샘플 홀더를 준비한다.

② 샘플 홀더에 맞게 샘플을 절단하고 carbon tape를 이용하여 샘플 스테이지에 고정한다. 이때 조사된 전자의 축적을 방지하기 위해 전도성 기판 파트가 샘플 스테이지에 carbon tape를 통해 연결될 수 있도록 한다.

③ 샘플 로딩이 끝난 샘플 스테이지를 페로브스카이트 박막 표면에 sputtering target 방향

으로 하도록 sputter 챔버 내에 위치시킨다.

④ Sputter를 통해 샘플 표면에 Au 또는 Pt를 증착하여 페로브스카이트 박막 표면의 전도성을 향상 시킨다 (조사된 전자의 박막 내 축적을 방지).

⑤ sputtering이 끝난 샘플을 주사전자현미경 장비 챔버내에 로딩하고, 주사전자 현미경 측정을 수행한다.

⑥ 측정된 이미지를 저장하고, 이를 활용하여 박막 내 존재하는 그레인의 크기를 측정해본다.

3.5. 실험 키워드

Scanning electron microscopy, grain size, grain boundary, composition, elemental distribution, secondary electron, back scattered electron

참고문헌

1. Principles of Electronic Materials and Devices, Third Edition, S.O. Kasap

제4절
소자 제작 및 분석

태양전지 소자 제작과 측정은 어떻게 이루어질까?

4.1. 실험 배경

4.1.1. 페로브스카이트 태양전지

(1) 소자 구조 및 구동 원리

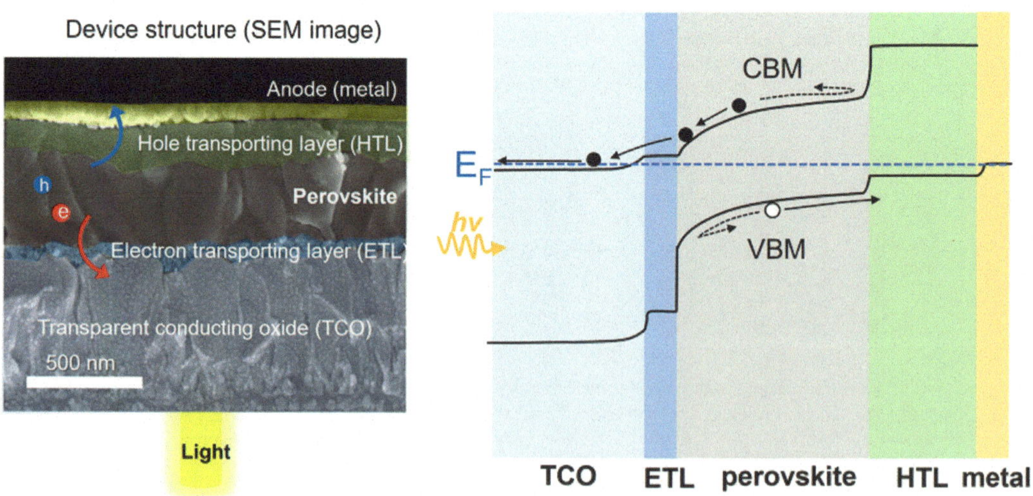

[그림 3-16] 페로브스카이트 태양전지의 주사전자현미경 단면도 및 밴드구조

최신 고효율 페로브스카이트 태양전지는 planar heterojunction 구조로 제작되고 있다. 그림 3-16에서와 같이 약 500nm 내외의 두께를 지닌 페로브스카이트 박막이 n-type 전자 전달 층 (electron transporting layer)과 p-type 홀 전달 층 (hole transporting layer) 사이에 형성된다. 페로브스카이트 박막은 박막 형성 공정에 따라 intrinsic, n-type, p-type 특성을 지닐 수 있으며, 우측 밴드구조에서 나타낸 바와 같이 입사한 빛은 페로브스카이트 박막에 의해 흡수되고 생성된 전자와 홀은 각각 전자전달 층과 홀 전달을 통해서 전극으로 수집된다. 빛이 페로브스카이트 박막으로 입사할 수 있도록 두 전극 중 하나의 전극은 투명전극 소재로 제작되어야 하며, 주로 Indium doped tin oxide (ITO), Fluorine doped tin oxide (FTO)와 같은 투명 전극 소재가 코팅된 기판을 사용함으로써 하부 전극을 투명전극으로 제작하게 된다. 이에 따라 소자 제작은 투명전극 기판에 전하전달층, 페로브스카이트 박막, 상부 전하전달 층, 전극 층을 순차적으로 형성함으로써 제작된다.

(2) 소자 측정

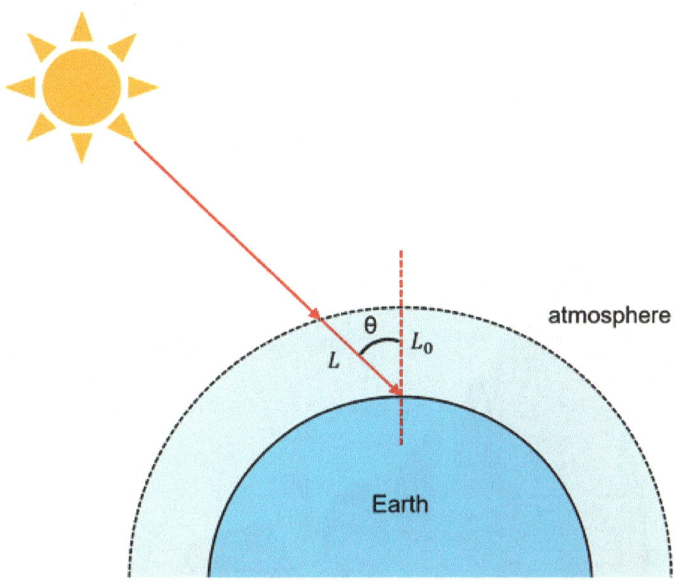

[그림 3-17] 태양광의 지표면에 대한 입사각 (θ)과 대기 내 진행거리 (L) 정의

태양전지 소자의 특성을 분석하기 위해서는 표준 태양광 스펙트럼에 대한 정의가 필요하다. 그림 3-17에서, 태양광의 지표면에 대한 입사각이 변화하게 되면 태양광이 지구의 대기를 통

과하는 거리가 변화하고, 그에 따라 지표면에서의 태양광의 단위면적당 파워 뿐만 아니라 스펙트럼이 달라지게 된다. 입사각에 따른 태양광 스펙트럼은 태양광이 통과하는 대기의 거리를 활용하여 정의하며, 이를 Air mass coefficient (AM)한다.

$$\text{Air mass coefficient (AM)}=\frac{L}{L_0}\approx\frac{1}{\cos\theta}$$

상기 정의에 따라서 AM0는 태양광 스펙트럼이 대기를 통과하지 않고 대기 상부에 도착하였을 때의 스펙트럼으로 정의 되며, 이때 power density는 약 1350W/㎡이다. AM1.0은 입사각이 0° 일 때 지표면에 도달하는 태양광 스펙트럼이며, power density는 약 1040W/㎡이다. 일반적으로 입사각이 약 48.2°에 해당하는 AM1.5 스펙트럼이 태양전지 분석을 위한 표준 스펙트럼으로 활용되는데 (power density가 930 mW/㎠), 이때 태양으로부터 지표면에 직접적으로 도달하는 빛 뿐만아니라 실제 상황에서 지표면과 대기에 존재하는 물체에 산란되어 도달하는 빛을 고려한 AM1.5G (AM1.5 Global, 1000mW/㎠) 스펙트럼을 대지용 태양전지 측정 분석을 위한 표준 스펙트럼으로 활용하게 된다 (태양전지의 용도가 우주, 항공용일 경우 표준 스펙트럼이 달라 질 수 있음).

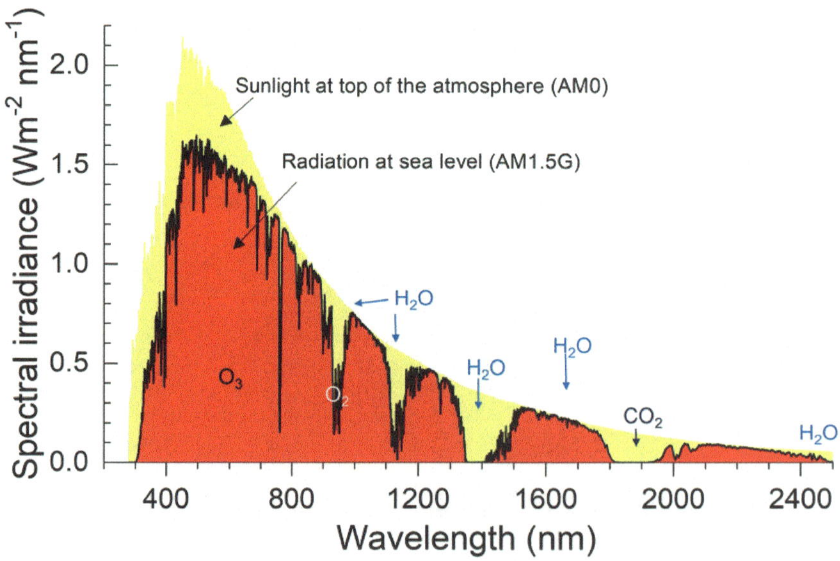

[그림 3-18] AM0 및 AM1.5G 태양광 스펙트럼 [1]

표준 태양광 스펙트럼을 실험실에서 구현하기 위해서는 솔라 시뮬레이터 장비가 필요하다. 솔라 시뮬레이터 장비는 주로 태양광 스펙트럼과 유사한 스펙트럼을 형성하는 Xenon 램프를 활용하여 추가적인 렌즈와 필터를 장착하거나 수개의 단색 LED를 array로 만듦으로써 구현될 수 있다. 그림 3-19에는 LED array를 통해 표준 태양광 스펙트럼을 구현하는 장비의 예시를 나타내었다.

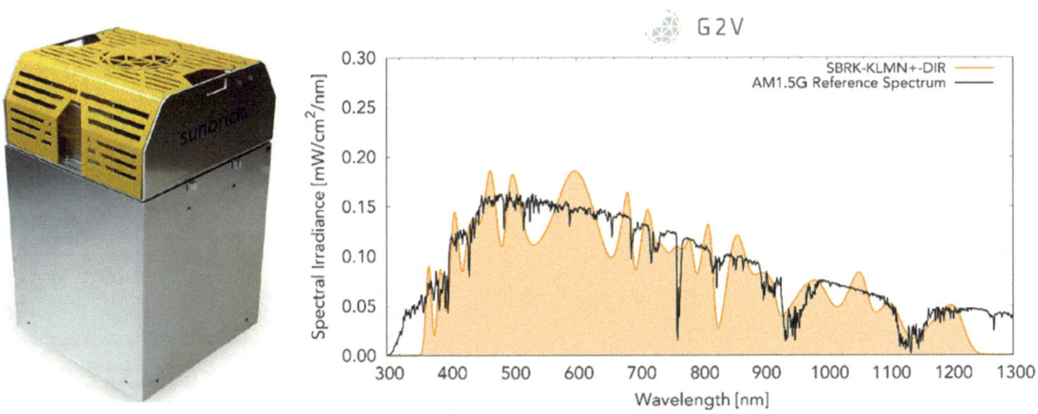

[그림 3-19] LED array를 활용한 솔라 시뮬레이터 장비 및 스펙트럼 [2]

태양전지 측정을 수행하기 전에 솔라 시뮬레이터를 통해 구현된 빛의 스펙트럼이 표준 태양광 스펙트럼과 일치하는지 평가하기 위해 표준화된 실리콘 태양전지를 활용하게 된다. 측정하고자 하는 태양전지 소재의 밴드갭에 따라서 필요한 영역의 스펙트럼을 확인하기 위해 다른 필터가 장착된 실리콘 표준 소자를 활용한다.

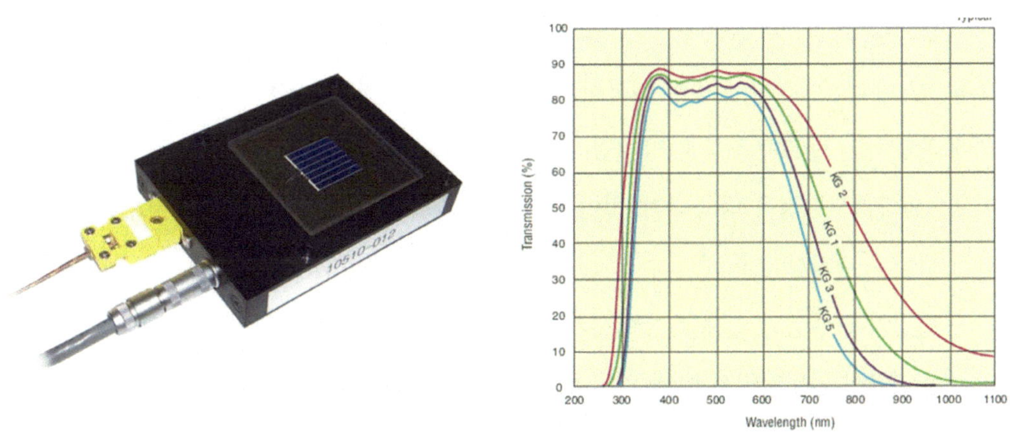

[그림 3-20] 표준 실리콘 태양전지 및 장착된 필터에 따른 투과도[3]

태양전지의 구동 특성에 대한 분석은 소자의 전류전압 특성을 분석함으로써 이루어진다. PN접합 또는 PIN접합으로 형성된 태양전지 소자는 다이오드 특성을 나타내며, Forward bias 영역에서 작동하게 된다.

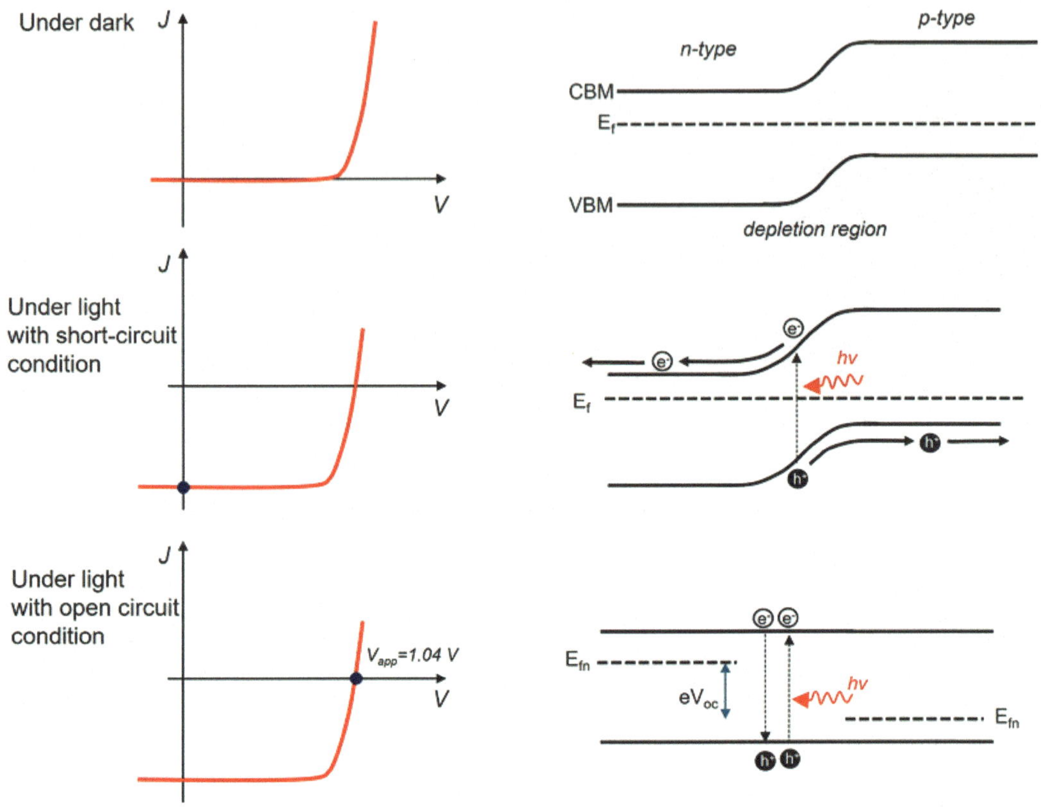

[그림 3-21] PN접합 바이어스 전압 및 빛 조사 에 따른 전류밀도(J)-전압(V) 특성 및 밴드구조

그림 3-21에는 PN접합에 빛이 입사하거나 전압이 가해졌을 때 전류전압 특성의 변화와 각 상태에 해당하는 밴드구조를 나타내었다. 빛이 가해지지 않았을 때 PN접합 소자는 일반적인 다이오드와 같은 특성을 나타내며, 빛이 가해짐에 따라서 빛에 의해 생성된 전자와 홀이 공핍 영역에 생성된 전기장에 의해서 수집되는 것을 확인할 수 있다. 소자에 forward bias가 가해지면 공핍영역에 생성된 전계를 상쇄시키고, 가해진 전압이 공핍영역의 생성 전계와 일치하게 되면 공핍영역이 없어지면서 빛에 의해 생성된 전하 수집을 위한 전계가 존재하지 않아 소자 내 전류는 0가 된다. 공핍 영역 생성 전계 이상의 전계가 forward bias로 가해지게되면 전극

으로부터 주입된 전자와 홀이 흐르며 빛에 의해 생성된 전류와 반대방향의 전류를 생성한다. 태양전지는 상기 그래프에서 전류가 음수가 되는 forward bias 영역에서 전류와 전압의 곱에 해당하는 전력을 생산하게 된다.

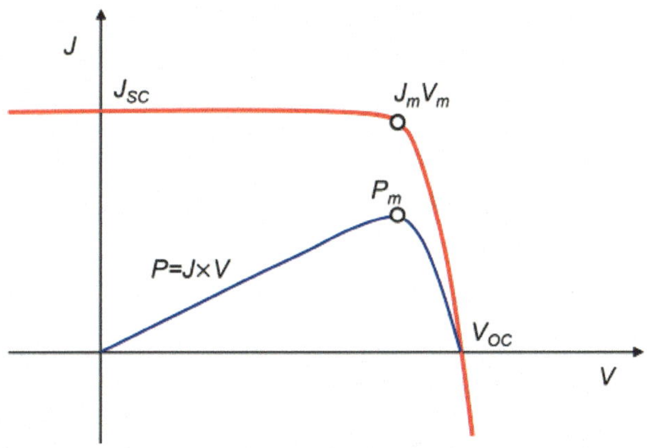

[그림 3-22] 태양전지 특성 분석을 위한 파라미터

따라서 태양전지의 특성분석은 해당 영역에서의 전류전압 특성 분석을 통해 이루어진다. 그림 3-22에는 태양전지 분석에 사용되는 주요 파라미터는 나타내었다. 단락회로 전류 밀도 (short-circuit current density, J_{SC}), 개방회로 전압 (open circuit voltage, V_{OC})가 주로 활용되며, J_m, V_m, P_m은 각각 출력 전력이 최대화 되는 구동 조건에서의 전류 밀도, 전압, 전력 출력을 나타낸다. 최대 출력 전압은 J_m과 V_m의 곱을 통해서 구할 수 있으나, 보다 직관적인 파라미터로서 J_{SC}와 V_{OC}를 활용한다.

$$Power\,conversion\,efficiency\,(\%) = \frac{P_{output}}{P_{input}} \times 100$$

$$= \frac{J_m \times V_m}{P_{input}} \times 100$$

$$= \frac{J_{SC} \times V_{OC} \times FF}{P_{input}} \times 100$$

이를 위해 충진 계수 (fill factor, FF)를 다음과 같이 정의하여 활용하게 된다.

$$FF = \frac{V_m \times J_m}{V_{OC} \times J_{SC}}$$

4.2. 실험 과정

4.2.1. 기판 및 전구체 용액 준비

① **[기판 준비]** Diamond cutter를 활용해 ITO 기판을 원하는 크기로 자른다. (2.4㎝ × 2.4 ㎝)

② **[기판 세척]** 자른 ITO 기판을 acetone, IPA, DI water에 담아 각각 15분 간 sonicator로 세척한다.

③ **[전구체 용액 준비]** 페로브스카이트 전구체 시약의 양을 제조하고자 하는 전구체 용액의 농도에 맞게 계산하고, 스파츌라를 활용하여 저울로 무게를 달아 vial에 넣는다.

④ **[전구체 용액 준비]** 페로브스카이트 전구체 용액 용매를 micro pipette으로 정량을 채취하여 전구체를 넣어둔 vial에 넣고, shaker를 활용하여 용해시켜둔다.

⑤ **[홀 전도체 용액 준비]** 홀 전도체 코팅을 위한 용액 준비를 위해 홀 전도체 물질의 정량의 무게를 달아 vial에 넣고, 용매를 첨가하여 용해한다.

4.2.2. 홀 전달 층 및 페로브스카이트 박막 형성

① **[기판 준비]** Cleaning된 기판을 N_2gun으로 건조하고, O_2plasma 장비에 넣어 플라즈마 처리를 통해 표면을 추가적으로 cleaning하고 친수성 정도를 향상시켜준다 (hot plate 온도 설정).

② **[박막 코팅]** Cleaning된 기판을 스핀코터위에 고정하고, micropipette으로 홀전도체 용액을 도포하고 정해진 레시피에 따라서 스핀코팅을 수행한다.

③ **[박막 코팅]** 코팅된 박막을 스핀코터에서 제거하고 용매를 건조하기 위해 핫플레이트에서 건조과정을 수행한다.

④ **[박막 코팅]** Cleaning된 기판을 스핀코터위에 고정하고, micropipette으로 페로브스카이트 전구체 용액을 도포한다.

⑤ **[박막 코팅]** 스핀코팅을 시작하기 전에 정량의 반용매를 micropipette을 이용하여 채취하여 준비한다. 스핀코팅을 시작하고, 주어진 시간에 도달하면 정량의 반용매를 떨어뜨린다.

⑥ **[박막 코팅]** 코팅이 끝난 기판을 스핀코터에서 꺼내어 hot plate위에 올려 열처리를 진행한다. 주어진 온도에서 주어진 시간동안 열처리가 완료되면 기판을 제거한다.

4.2.3. 전자 전달 층 및 페로브스카이트 박막 형성

① 코팅이 끝난 기판에 쉐도우 마스크를 부착하고 홀더에 장착하여 진공 열 증착기 챔버에 넣는다.

② 전자 전달층 형성을 위해 LiF, C60, BCP 층 증착을 수행하고, 최종적으로 Ag를 증착하여 전극을 형성한다.

③ 증착이 완료되면 기판이 쿨링되면 증착 챔버로부터 제거한다.

4.2.4. 태양전지 소자 측정

① 솔라시뮬레이터의 램프를 키고 10~20분간 예열을 수행한다.

② 실리콘 표준 셀을 활용하여 생성된 빛의 출력이 표준 태양광 스펙트럼의 출력과 일치하는지 확인하고, 일치하지 않을 경우 출력을 제어하여 일치시킨다.

③ 제작된 페로브스카이트 태양전지를 소자 홀더에 장착하고 정해진 위치에서 빛에 노출한 후 전류밀도-전압 곡선 측정을 수행한다.

④ 데이터를 저장하고 분석하여 태양전지 효율 특성을 확인한다.

4.3. 실험 키워드

Solar cells, power conversion efficiency, device characterization, current density-voltage curve

참고문헌

1. https://www.nrel.gov/grid/solar-resource/spectra.html
2. https://g2voptics.com/
3. https://www.pveducation.org/

나노공학실험

1판 1쇄 2024년 12월 30일

저자 강보석, 송영재, 안성필, 이진욱(이상 성균관대학교 성균나노과학기술원(SAINT) 교수)
발행인 이경화

발행처 디자인21
주소 04560 서울특별시 중구 퇴계로 293-1(쌍림동 원진프라자 3층)
전화 02-2269-6561(대)
팩스 02-2269-6568
e-mail 21publish@naver.com
블로그 https://blog.naver.com/publish21
인스타 https://www.instagram.com/21publish.co.kr
홈페이지 http://21publish.co.kr

등록번호 제1-1128호
등록일자 1991. 2. 12

ISBN 978-89-6131-165-6 93500

정가 20,000원